JN120451

農業会計学の探求

香川文庸
珍田章生 ■ 著
保田順慶

実生社

はしがき

　「探究」と「探求」は似た言葉だが意味は異なる。前者は物事の意義や本質を「見究めること」であり、後者はそれらを「探し求めること」である。学術関連の書物には「探究」がより相応しいのかもしれないが、本書ではあえて「探求」をタイトルとした。

　農業簿記・会計の枠組みは多くの先人達が創意工夫を凝らして構築してきた頑健なものであり、その背後には一般の簿記・会計というさらに強固な理論体系が控えている。ゆえに、「農業簿記・会計を根本から再点検し、あるべき姿や理論を究める」などという大きな仕事は到底できない。

　既存の枠組みをベースとし、そこに僅かばかりの修正を施すことで農業や農業経営の今日的な実態によりマッチする会計理論や手法が提案できるのではないか、少し視点を変えることでこれまで見過ごされてきた論点にぼんやりながら光をあてることができるのではないか、本書はそうした「探求」の過程とこれまでの一応の成果（＝仕掛品・半製品）を記録したものである。

　取り上げたテーマは決して網羅的ではなく、執筆者各々の興味関心を色濃く反映している。駆け出しのころに感じた素朴な疑問が出発点となっており、論じる意義があるか否か今でも確信が持てないものもある。また、研究展望に留まっており、明確な解を提示できていない部分も多い。我々執筆者が今後どのような問題にどう取り組んでいくのかを記した「覚書」的な性格を有しているパートもいくつかある。特に各章の補論は本論部分に関連するトピックについて、定説、私案を織り交ぜて、書いておきたいことをとにかく粗く記述しただけという感が強い。

　重要なテーマは他にもあるだろうし、本書が取り上げたテーマについても異なる視角や切り口が存在するに違いない。しかし、農業簿記・会計学の研究領域にはまだ検討すべき課題が残されていることを示すとともに、その検討や考察のための最初の起点をいくつか提示することは少なからずできたのではないかと考えている。

　農業簿記・会計学を大学の農学部で講義して四半世紀以上になるが、科目

数が限られている（農学部では多くの場合、会計関連の科目は一科目程度）ことや教員としての力量不足が原因で、複式簿記の基本的な仕組みや財務諸表の読み方、簡単な経営分析手法を一般論として紹介することでコマ数が尽きるのが常であった。農業独特の会計処理やその理論的な背景等、学生に知っておいて欲しいことの多くは割愛してこざるをえなかったが、本書では、そうした話題についても端々に盛り込むよう努力した。

　農業簿記・会計の基礎概念や理論、手順を全般的に解説した一般的なテキストでもなく、高度な専門研究書でもない。ささやかな書物だが、農業簿記・会計の一般論を学びながら本書を紐解くことで、農業簿記・会計を学修し、研究する際の何がしかの手がかりを得ることは可能だろう。

　本書は、元々は、私（香川）が単独で執筆するつもりで構想を練っていた。その内容について友人である珍田に相談を持ち掛けたところ、珍田から保田を紹介していただき、構成員が３名の小さな研究会が発足した。そして、議論をするうちに珍田、保田の貢献がどんどん大きくなり、最終的に３名の共著として本書を刊行することとなったのである。コロナ禍において生じた数少ない良かったことの一つはオンラインでの会議や打ち合わせが当たり前になったことである。おかげで、関西に在住する私と関東に在住する珍田、保田が月に２、３回の研究会（土日に開催）を２年以上継続することができた。その成果を紙面から読み取っていただけたなら大変うれしく思う。

　原材料費の高騰や現代人の本離れ等、出版業界を取り巻く環境は厳しさを増している。そうした中で、紙媒体の書籍にこだわり、本書の出版意義をご理解いただいた実生社の越道京子代表に感謝したい。また、一人一人のお名前は明記しないが、我々がこれまでお世話になってきたすべての方々にもお礼を申し上げたい。

　本を公刊するということは、私にとっては、とても怖く、覚悟が必要な行為であり、家族の支えがなければ途中で断念していたかもしれない。いつも身近で応援してくれている妻と娘、遠い町で奮闘している息子に本書を捧げたい。

2023 年 6 月

執筆者を代表して　香川文庸

もくじ

第1章

農業経営と会計　　1

1 はじめに　　1
2 一般企業における会計の目的と役割　　2
3 農業経営における会計の実践　　4
4 農業経営および社会情勢の変化と農業会計の必要性　　10
5 農業経営の規模・形態と会計　　13
6 むすび　　20

　　補　論①　自計式簿記と複式簿記　　21

第2章

リスクキャピタルと稼得成果の会計　　27

1 はじめに　　27
2 株式会社におけるリスクキャピタルと稼得成果　　28
3 農家におけるリスクキャピタルと稼得成果　　30
4 会社法人形態の農業経営におけるリスクキャピタルと稼得成果　　34
5 農事組合法人における従事分量配当　　38
6 任意組織の会計　　41
7 むすび　　44

　　補　論②　クラウドファンディングの会計　　45

第 3 章

収益と費用の会計　49

1　はじめに　49
2　企業会計基準における収益と費用の認識　50
3　農業における原価計算の制約と収益・費用認識　52
4　農業協同組合（JA）による共同販売と収益・費用認識　56
5　共同販売における対応原則の潜在的影響　64
6　原価計算と収益認識　67
7　むすび　68

補　論③　農業会計における農業所得計算　70

第 4 章

原価と棚卸資産の会計　73

1　はじめに　73
2　工企業と類似した農業経営における原価計算　73
3　農業における原価計算の系譜　76
4　活動基準原価計算（ABC）という管理会計手法の適用　80
5　農業経営における製品別計算（総合原価計算と個別原価計算）　86
6　むすび　92

補　論④　労賃の取り扱い　93

第 5 章

固定資産の会計　97

1　はじめに　97
2　補助金と圧縮記帳　98
3　自己育成資産の会計　102
4　リース資産の会計　109
5　借入農地の会計処理に関する試行的検討　114
6　むすび　118

　　　補　論⑤　使用権モデルの拡張　119

第 6 章

資金の会計　125

1　はじめに　125
2　支払手段としての資金の概念　126
3　経営分析による現金管理の検討　128
4　資金四表による資金管理の検討　132
5　資金管理に資する農業経営の改善方向　141
6　むすび　144

　　　補　論⑥　キャッシュ・フロー情報とバリュエーション　145

第 7 章

農業会計の変容と多様化　149

1　はじめに　149
2　非貨幣情報と経営管理　149
3　ESG と農業会計　154
4　コミュニケーションツールとしての農業会計　159
5　むすび　164

補　論⑦　地域農業と農業会計　165

補　論⑧　IT 化と農業会計　169

索　引　173

第1章

農業経営と会計

1　はじめに

　「農業経営のビジネス感覚を育み、もって農業を産業として高度化・自立化させるためには会計の実践が不可欠である」としばしばいわれてきた。しかし、それは研究者や行政担当者等の論理であり、ほとんどの農業経営は本格的な会計を実践してこなかった。かつての多くの農業者達は自らの農業経営の特質および経営を取り巻く外部経済環境が原因で、会計に取り組むことの重要性・必要性を切実には感じ取っていなかったのである。

　しかし、今日、農業経営自体および農業経営を取り巻く外部経済環境が変化し、農業経営において会計を実践することの意義は高まっている。本章では、農業経営に会計が根付かなかった要因と農業経営自体の変質や農業・農業経営を取り巻く社会的な環境の変化がそれら要因に及ぼしたインパクトをあらためて整理することで、農業経営が会計を実践することの今日的な重要性や必要性を明らかにする。そして、そのことを通して農業会計の理論や構造を研究し、農業や農業経営の実態に見合った会計手法を開発することの意義を提示する。

2　一般企業における会計の目的と役割

会計は企業の財政状態と経営成績を記録・計算・報告する一連の手続きとして認識されているが、その目的や会計情報を報告する相手によって大きく三つに分類することができる。

財務会計

第一は、財務会計である。企業の代表格である株式会社を例にすると、その最大の行動目的は株主から受託した資金を適切に管理し、有効活用することによる利益の獲得である。企業の目的については昨今、様々な議論がなされているが、利益の獲得が大きな柱の一つであることに変わりはない。企業の経営者は株主から受託した資金の保全・管理・運用を適切に遂行する責任（受託責任）＝**スチュワードシップ**を負う。そして、その責任を果たしていることを株主に示すために、資金の管理・運用状況を計測し、財務諸表として開示せねばならない。これが会計的な説明責任＝アカウンタビリティであり、そのアカウンタビリティを目的として実践されるのが財務会計である。企業は会計情報を開示することによって、株主に「株主から受託した資金の運用状況や株主への分配の原資となる利益の大きさ」を伝えることができるようになる。これを「**会計の利害調整機能**」という。

ただし、財務会計目的で作成される会計情報を活用するのは実際に株式会社に出資をしている株主のみではなく、当該株式会社と取引を行っている様々な経済主体（金融機関や仕入先、販売先等）、潜在的な投資家や取引相手も含まれる。それら経済主体は会計情報を活用することで、「当該企業との取引を継続するか否か」、「当該企業に新たに出資するか否か」、「当該企業と取引を開始するか否か」等を決定する。これにより、株式会社はより多くの資金調達を実現し、新たなビジネスチャンスを掴むことができるようになる。多様な経済主体に当該企業の運営実態を公開するこうした機能のことを「**会計の情報提供機能**」という。

管理会計

　第二は、管理会計である。企業が利益を確保・増大させるためにはその経営を管理する必要がある。そして、計数的な経営管理には会計情報を欠かすことはできない。そうした目的に適合する情報を作成するための会計が管理会計である。管理会計情報は通常、企業の内部に報告され、業務改善ポイントの発見や**予実管理、業績管理、原価管理、意思決定**等に活用される。なお、財務会計がその実践において会社法や金融商品取引法、企業会計原則といった種々の制度に沿う必要があるのに対し、管理会計は企業独自の観点から実践されるものであり、記録・計算方法、その対象となる科目の範囲や認識の基準は企業の判断に委ねられる。

税務会計

　第三は、税務会計である。会計は納税のための基礎情報の整備にも有用な役割を果たす。税務会計の結果である課税所得の報告相手は自治体や行政主体である。税務会計も税法という制度に従う必要があるので、財務会計と同様、**制度会計**の一種だが、その性格は財務会計とは異なる。具体的には、財務会計は財政状態と経営成績の適正な計測と表示を目的としたものであり、その結果は「損益＝収益－費用」に集約されるが、税務会計は公平な課税の基礎となる「**課税所得＝益金－損金**」を算定することが目的である。収益と益金、費用と損金は、その範囲や計算基準がそれぞれ若干異なるので、税務基準で計算される経営成績・財政状態と財務会計のルールに基づいて計算される経営成績・財政状態は厳密に言えば同一のものにはならない。

　昨今、**環境会計や社会責任会計、ESG 会計**といった新たな会計領域が話題になっているが、会計の基本ないしは本流である「企業活動の計数的な把握に関わる会計」は以上のような目的で実践されているのである。

3 　農業経営における会計の実践

（1）農業経営による会計の実践状況

　様々な形で普及・指導活動が精力的に行われてきたにも拘わらず、農業経営による会計実践は順調には根付いてこなかった。[(2)]

青色申告と正規の簿記の実践

　2020年の農林業センサスによれば、全国の農業経営体数は約108万経営体であり、このうち、**青色申告**を行っているものは約38万経営体である。そして、「**正規の簿記**」による申告を行っているものが約21万経営体、簡易簿記による申告を行っているものが約15万経営体、現金主義による申告を行っているものが約3万経営体となっている（**表1-1**参照）。

　農業経営体は定義上、一定の事業規模で農業を営む経済主体だが、それでも青色申告を行っている経営体の比率は3分の1程度である。青色申告を行っている以上、何がしかの計数的な記録を実践しているとみてよいが、農業経営体総数に占める「正規の簿記による申告」を行っている経営体の比率は19%程度にすぎない。しかも、この「正規の簿記」という表現には注意する必要がある。2020年農林業センサスの調査票には「「正規の簿記」とは損益計算書と貸借対照表が導き出せる組織的な簿記の方式（一般的には複式簿記をいいます……）」と記載されているが、「正規の簿記による青色申告を実施」と回答した農業経

表1－1　青色申告を行っている農業経営体数（2020年、全国）

（単位：経営体、%）

	農業経営体総数	青色申告を行っている経営体数			
		合計	正規の簿記による申告	簡易簿記による申告	現金主義による申告
実　数	1,075,705	382,037	207,771	145,428	28,838
構成比	100.0	35.5	19.3	13.5	2.7

（出所）農林業センサス（2020）をもとに筆者作成

営体の中には、税理士等に領収書や伝票他を提供し、記帳代行と「青色申告用」
の損益計算書・貸借対照表の作成を依頼しているものが少なくないとみてよい。

　したがって、簿記・会計という用語から一般にイメージされるような企業会
計的な複式簿記の記帳行為を自ら行っている経営体の比率はさらに低いものと
推察される。また、上記の数字は農業経営体に関するものであり、統計上、農
業経営体としてはカウントされないが、農産物生産には携わっているような経
済主体（自給的農家等の小規模層）を含めるならば、青色申告を行っている経済
主体の比率、「正規の簿記」を活用している経済主体の比率、企業会計的な複
式簿記を自ら実践している経済主体の比率はそれぞれさらに低いと判断できる。

一般企業の会計実践

　もっとも、一般企業においてもそのすべてが企業会計的な複式簿記の記帳
を実践しているわけではない。大企業や上場企業においては、課税所得は通常、
財務会計の手続きに従って算出された**確定利益**（税引前当期純利益）に税法上の
規定による修正（収益と益金、費用と損金の違いの加減算）を施して事後的・誘
導的に計算される。これを**確定決算主義**という。この場合、作成される財務諸
表は企業の経済活動や財政状態、経営成績の実態を写像したものとして扱うこ
とができる。

　しかし、中小企業等の実務では、はじめから税務基準で財務諸表を作成し
て課税所得を直接計算する手順が採用され、そうした基準で作成された財務諸
表が財務会計目的の財務諸表の代用物として経営概況の把握に利用されている
ケースも少なくない。大企業の場合、財務会計的な目的が先にあり、それを使っ
て税務目的を達成しているが、中小企業等においては税務目的で作成した情報
を使って財務会計的な目的を実現しようとしているのであり、会計に対する志
向が大きく異なる。収益と益金、費用と損金の相違が原因となって、税務基準
の財務諸表と財務会計のルールに基づいて作成される財務諸表は厳密には異な
るが、事業規模が小さい場合、その相違は一般的に軽微なものであるため、こ
うした対応でもさほど大きな支障は生じないのである。なお、中小企業等の場
合、その作成も自ら記帳して行うのではなく、必要書類を税理士等に提供し、

代行作成させていることが珍しくない。

　このように、一般企業においてもそのすべてが複式簿記を自ら実践している
わけではないが、農業部門ではその傾向がより強いと推察される。多くの農業
経営は納税目的の課税所得計算用の財務諸表すら作成しておらず、当然ながら
それを活用した経営実態の把握や簡単な経営管理も行っていない。さらに、現
金主義に代表されるようなよりシンプルな収支計算すら行っていない農業経営
も少なくないと思われる。

（2）農業経営による会計実践に関する先行研究
　農業部門に複式簿記の実践が定着しなかった理由としてしばしば取り上げら
れるのは単純に「複式簿記が難しく、手間がかかる」ということだが[3]、それ以
外にも様々な要因が指摘されている。近年の代表的研究をレビューしよう。

制度的問題と代替ツールの存在
　例えば、戸田編（2014）は「農業者から記録のインセンティブを奪う制度的
問題点」として「農協に出荷することにより、販売価格や収入が事後的にしか
わからないため、農業者が農産物のコストを把握しようとする行為を空しいも
のたらしめること」、「補助金の存在が自立した農業経営の意識を阻害してしま
うこと」、「農協口座によって決済が完了するため記録の必要性が低下すること」
を指摘している。また、戸田（2017）は、複式簿記が農業者に定着しなかった
理由として、複式簿記による記帳をせずとも経営の概況を大掴みすることがで
きるような代替的なツール（農業税務簿記、農業統計調査簿記、農協簿記、等）が
存在し、それらが複式簿記を記帳するよりは比較的容易に活用できたことを挙
げている。戸田の一連の研究は、主に農業者が計数的記録、複式簿記記帳を実
践しないことの「外的要因」を解明したものであり、農業経営の内的要因に関
する考察は薄いといえる。

他人資本の有無と複式簿記

　田口（2020）は、①得られる情報のベネフィットと会計行為に必要なコストを比較すると事業規模・複雑性がそれほど大きくない（高くない）状況では、コストのほうがベネフィットを上回るため、会計行為を実践するインセンティブはない、②会計行為を実践するインセンティブがある場合でも複式簿記の記帳を行うのは他人の資金を預かる段階（他人資本の受け入れのタイミング）からである、③複式簿記を記帳する経済主体の中でも「所有と経営」が分離した経営においては株式会社としての企業会計が実施される、としている。(4)経営の規模や資金の調達源泉による階層化を試みた有益な研究だが、「他人の資金」、「他人資本」の存在を複式簿記記帳の契機とした点には疑問が残る。他人資本（借入金）を調達するためには金融機関に経営の実態を開示する必要があり、返済計画のためにも経営の計数的管理は必要だが、農業経営（特に小規模）の場合、それは簡易な納税所得計算書等で代用されることも多く、複式簿記が使われる場合も自らの記帳実践が必ずしも伴うわけではないからである。

会計によるコミュニケーション相手の欠落

　香川（2009）は会計コミュニケーション論に立脚しつつ、農業経営が会計情報を作成・開示してこなかった理由として、「コミュニケーションを行う外部の経済主体が非常に少なかったこと」、「農業経営の圧倒的大多数を占める農家においては、意思決定者＝労働者であるパターンが多かったため、内部にも会計情報を媒介としたコミュニケーションを行う相手が事実上存在しなかったこと」を指摘している。ただし、ここで議論されているのは財務会計と管理会計のみであり、税務会計は考察の対象に含まれていない。

　既述のように、一般企業が会計を実践することの動機は、財務会計目的、管理会計目的、税務会計目的に求められる。そこで、以上で整理した先行研究の指摘を踏まえつつ、これらの視角から農業経営の多くが会計行為を実践してこなかった理由についてあらためて整理しておこう。

（3）農業経営における会計実践の阻害要因

　農業経営の圧倒的大多数は現在でも農家であり、かつてはほぼすべてが農家だったといっていい。通常、経済活動を営む主体は簿記ないしは何がしかの計数的な記録を行うと考えられるが、農業経営の代表例である農家はなぜそうした取り組みを行ってこなかったのだろうか。

財務会計面

　農家における経営部門は、それを内包する農家経済から家産としての資金、農地と家族労働力を調達して営農活動を行う。経営部門による農家経済からの経営要素の調達、逆に言えば農家経済から経営部門への経営要素の提供は実質的ないしは**擬制的な出資**として把握することができるが、それは**法的な出資**とは異なる。出資をする者と出資を受ける者が同一人格ないしは同一経済主体であるため、厳密な意味でのスチュワードシップ、アカウンタビリティは存在しない。さらに、かつては農業経営に対して出資をしようとする第三者は皆無であり、実際の取引相手は購買も販売もほぼ JA のみであった。経常的な取引相手が JA のみであるならば、その取引記録や経営収支は JA の預金通帳で把握できるので自ら記帳するインセンティブはそもそも存在しない。

　また、借入金の調達も農協金融か制度金融に限られていた。制度資金の窓口には民間の一般金融機関も指定されているが、その中心は JA である。公庫資金も日本政策金融公庫に直接申請するか JA 経由で手続きを行うことが一般的であり、資金調達に関しても取引相手は限定されていた。

　このように、様々な面で潜在的な取引相手が見出しにくい状況だったといってよい。その結果、多数の経済主体への情報提供を目的とした会計実践の意義も農業経営においては低かったと考えられる。

管理会計面

　管理会計的な意味でも農業経営（農家）における会計の必要性・重要性は十分には認識されていなかった。一般企業の場合、経営者が現場の担当者に様々な改善を促すために管理会計的な会計情報が活用される。そして現場の担当者

は会計情報を通じて自らの改善成果を経営者に伝達する。しかし、農家においては家計と経営が未分離であり、家計部門内の力学が経営内にもスライドしがちであったこと、家族以外の外部労働力の雇用が稀であったこと等から、家父長的な事業運営（ワンマン経営）が行われることが多く、改善を促す者と促される者の同一性が高いケースが一般的であった。その結果、**マネジメント・コントロール**を擁するような組織の階層性は形成されなかった。

　しかも、かつては、農産物の出荷先は基本的に JA であり、農業経営の生産作物の主流であるコメは「**生産費・所得補償方式**」により政府が定額で全量を買い取っていた。資材関連の取引も JA のみが相手だったといっていい。こうした状況下では、売上高を予測し利益計画を策定することや原価低減のために仕入価格や仕入先を再検討するといった行動に大きな意味はないので、「経営を管理する」という意識も高まらなかったと推察できる。

　一般企業の場合、経営内部を利益が獲得できる部門と不採算部門に分け、セグメント別の会計管理を行うことで、部門別に事業の継続や廃止を判断し、経営全体の利益向上を図る必要がある。しかし、農業者にとって農場は一つの経済単位であり、その中身を作物（部門）ごとに管理するという意識もかつては低かったと思われる。そもそも複合経営が少なく単一経営が多かったこと、畑作経営で複数の作物を生産している場合でも輪作体系が固まっており、作物の組み合わせ方の選択肢が狭く、仮にある作物が厳密に計算すれば不採算であっても作業適期や技術的制約等を勘案するとそれを停止することができないケースが少なくなかったため、異なる作物を一体的に「農産物」と捉えがちであったこと等がその原因である。

　また、農家の場合、経営部門で資金ショートが生じたとしても家計からの補填が容易であることから、経営と家計を峻別した上で会計管理を適切に行うという意識も十分には醸成されなかった。さらに、他産業賃労働所得で生計費を確保している農家が大多数を占める状況では農業所得を正確に把握し、増大させようとする意欲も低下する。これら種々の要因によって管理会計的な会計情報の必要性も低かったのだと考えられる。

税務会計面

　このように農業経営においては財務会計的な観点、管理会計的な観点のいずれにおいても会計情報を作成することの意義は低かった。これに対し、納税は義務なので、本来ならば納税情報を作成するための会計に対する意識は高いはずである。しかし、小規模かつ**粗収益（売上高）**が少ない経営が圧倒的大多数を占める我が国農業構造においては、課税所得の正確な算定に対する意識は高まらず、青色申告による課税対象控除も大きな魅力とはならなかった。それよりも事前の申請手続や記帳（特に複式簿記記帳）の煩雑さがネックとなって税務目的の会計も普及しなかったのだと考えられる。実際に納税申告を行う場合であっても、企業会計的な財務諸表をまず作成し、そこから課税所得を誘導的に計算するのではなく、課税所得を算出するための財務諸表やより簡便な納税計算書等を直接作成することが多かったのである。

　生産を行う以上、農業経営においては**原価計算や部門別計算を組み込んだ工業簿記的な会計管理**が本来ならば必要である。しかし、そうした会計に取り組む経営は稀な存在であり、**商的工業簿記**のような会計を実践する経営すら少なかったといってよい。

4　農業経営および社会情勢の変化と農業会計の必要性

　以上で述べてきたような様々な要因によって農業経営による会計の実践は遅々として進まなかったが、今日、農業経営およびそれを取り巻く環境条件は以下のように変化してきている。

農業経営の経営形態の多様化

　昨今、伝統的な農家以外に**農業法人や農業生産組織、集落営農組織**などが登場してきており、農家以外の経済主体においては、様々な形態で法人・組織への出資（法的出資）が行われている。そして、その結果、農業経営においてもアカウンタビリティという概念が徐々に成立するようになってきた。また、農

外企業からの参入経営も増えているが、それら参入経営においては母体企業に業務実績を報告するために、当然、通常の会計管理が求められる。

資金調達方式の変化

従前とは異なり、農家、農業経営が民間から融資を受けるケースが少しずつ増えてきている。また、融資方式も**動産担保**など多様な形で行われるようになっており、その条件として会計情報の整備とそれをベースとした営農計画の作成が求められることが多い。さらに、**クラウドファンディング**といった新しい時代の資金調達方法に取り組む農業経営も増えており、資金の適切な記録・管理だけでなく、資金提供者に資金運用状況を説明するためにも会計情報の整備が必要となってきている。

農業経営の運営方式や事業内容の多様化

昨今、農業経営の運営方式や事業内容が多様化してきている。具体的には次のようなものがあげられる。

①事業規模の大きな経営が登場し、企業的な運営管理が求められるようになった。大型機械や施設など多額の投資を必要とする経営も増えている。事業規模が大きくなれば扱う資金の量も増大するのでその管理の重要性は高まるし、機械や施設への投資の回収可能性を判断するためには会計情報が不可欠である。

②農産物の販路、生産資材の購入経路が多様化した。取引先が多様化すれば個々の取引を逐一記録しておかなければ収拾がつかなくなる。特に、昨今は**信用取引**が基本であることから、記録・管理の重要性は一層高まる。

③農産物の生産だけでなく自ら販売したり農産物の加工事業を手掛けたりする農業経営が増えてきた。その結果、価格設定の基礎となる原価計算の必要性が高まってきた。

④単一経営（特にコメ単作）が減少し、複合経営が増えてきた。多様な作物の組み合わせに取り組む経営が増加し、経営の**部門（セグメント）別管理**が求められるようになった。そして、その結果、技術的に最適な組み合わせであっても不採算であるならば他の作物に転換するといったことも考えねばならなく

なってきた。実際に、かつてと比較して農産物の組み合わせ方の選択肢は拡大しており、技術的な最適性と経営面の最適性を両立するような作物の組み合わせが採用可能な状況になっている。

　⑤農家においてもかつての家父長的な運営ではなく、**家族経営協定やパートナーシップ**などが取り交わされるようになり、経営管理のための意思疎通や情報伝達が求められるようになった。家族労働力に関しても労働条件や報酬を契約で定めるケースが生じており、そのための基礎資料を整備する必要がある。また、雇用労働力を利活用する経営や部門ごとの責任者を置く経営も増えており、経営全体及び部門ごとの経営成績を計数的に管理することの重要性が高まってきている。

　⑥納税についても、手続きの簡素化・電子化を契機に青色申告を選択する農家が徐々に増えており、法人については通常の企業と同様の申告が必要になる。さらに自然災害による収量減少や価格低下等による収入減少を補填する**収入保険**等の加入に際しても、青色申告書の提示が必要であり、そのためには何がしかの会計を実践せねばならない。

経営の譲渡・売却・清算

　農家は現経営主の子弟が継承し、永続することが暗黙の前提であったが、現在、それは崩れつつある。現経営主がリタイアし、それに伴って離農するならば、会社の解散に相当する手続きが本来は必要である。また、経営を他者に譲渡する**第三者継承**や農場の売却等を行う際には財産の適正な貨幣評価を行うことが望ましい。この点は法人経営や集落営農組織に関しても同様であり、経営を譲渡する際や経営を解散する際には清算や助成金・補助金の返還などに関わる会計処理が必要になる。

農業者の変化と支援体制の整備

　「複式簿記は農業者にとって難しい」としばしば言われてきたが、教育水準の向上や高等教育の普及等もあって、現在の農業者は複式簿記を理解・修得するための素養を有している。また、振替記帳や転記、集計の煩わしさを軽減す

るためのソフトやアプリ、仕訳を自動化するソフト・アプリも開発されている。さらに、今後、農機具の高性能化や IT 技術の活用によって作業時間の管理や資材投入量のセグメント別把握等が容易になり、通常の工業簿記的な農業会計を実践するためのデータ・材料が獲得しやすくなる可能性もある。

　このように農業経営においても会計を実践することの重要性・必要性は高まっており、会計を実践するためのハードルも下がってきている。少なくとも農業で生計を維持しようとする農家や農業法人、生産組織においては、会計の実践はごく当たり前の行為として認識されつつあるといってよい。

5　農業経営の規模・形態と会計

（1）農業経営が実践すべき会計に関する先行研究

　農業や農業経営を取り巻く環境が変化し、農業経営自体も変化してきた。その結果、農業経営においても会計を実践することの意義は高まってきた。しかし、すべての農業経営が一律に同じ会計（複式簿記による経営記録）を実践する必要はないように思われる。次にこの点について検討しよう。

　明治や大正期においては**単式農業簿記**が論じられたこともある。また、**単記式複計算簿記（自計式簿記）**の開発等もあったが、今日、農業簿記はイコール農業複式簿記だといってよい。複式簿記は**取引の二面性**に着目した**複記入・複計算**による精緻かつ完成度の高い計算体系であり、経営実態をより正確に写像することが可能である。そして、そうであるがゆえに、農業経営はいかなるものであれ基本的に複式簿記を実践する必要があるという見解が古くから存在している。⁽⁶⁾また、農業簿記・会計の普及について語られる際には、すべての農業経営が同じ様式、基準、レベルの簿記・会計を実践することが暗黙の前提となっていることが少なくないように思われる。複式簿記が優れたツールであることに異論を唱える意図はないが、農業経営、農家はそのすべてが同質的というわけではない。経営、農家の特質や性格ごとに、必要となる（ないしは実践しようとする）会計の中身は異なるはずである。こうした観点に立った研究として次

のようなものがある。

経営目標・経営構造と会計

　古塚（2000）は農家（家族経営）を「伝統的家族経営」、「企業的家族経営」、「家族企業経営」に分類し、経営目標や**所有と経営の分離**の程度を基準としてそれぞれにマッチする簿記様式は順に「農家経済簿記（自計式簿記）」、「農家経済簿記（同）ないしは農業経営簿記（複式簿記）」、「農業経営簿記（同）」であるとしている。農家の経営構造の変化と簿記様式の関連を提示した研究だが、企業的家族経営の位置づけがやや不明瞭であること、伝統的家族経営が大きく一括りにされている点に若干の疑問が残る。

農業経営の発展段階と会計

　戸田編（2014）は農業経営を以下の5つのモデルに分け、各モデルが実践すべき会計（ないしは計数的な記録）について試案を提示している。

　モデル1（小規模兼業農家）：現状は基本的に何の記録もつけていない。ともかく何がしかの規則的・継続的記録をつけるべき。

　モデル2（自立志向を有する農家）：規則的・継続的記録を実践する際に収支の差額として残高を算定し、計算結果と実績を比較するという「簿記的発想」を組み込むべき（ただし、複式簿記が必須ではない）。

　モデル3（農業法人）：現状、複式簿記は実践されているものの税務会計的な記録が多い。企業会計的な視点から複式簿記を実践すべき。

　モデル4（6次産業体・農商工連携事業体）：企業会計的な複式簿記は既に実践されているので、連携主体との経理の不統一や連結に関わる問題を解決すべき。

　モデル5（農業関連上場企業）：複式簿記の実践は大前提となっているので、公正価値の適用によって投資家への効果的な情報提供を考慮すべき。

　農業経営の形態や特質に着目し、我が国では極めて稀な存在である農業関連上場企業をも考察対象としたユニークな研究だが、各モデルの分類基準や区分の境界がやや曖昧である。モデル3とモデル4の区分が明確ではないし、企業的なセンスを有する大規模家族経営の位置付け等も不明である。さらに、各モ

デルが採用ないしは実践すべき会計（もしくは記録）に関する提言にも疑問が残る。例えば、モデル 4 に関しては、経理の統一や連結の必要性およびその具体像が明確ではないし、そのための方法も示されていない。また、モデル 5 に関しては、**公正価値会計**の導入が提案されているが、その根拠や意義、実際の導入可能性等に関する記述が十分に説得的とはいえない。

記録のコスト・ベネフィットおよび他人資本の有無と会計

田口（2020）は農業経営を 4 つのタイプに分け、それぞれが実践すべき会計を提示している。

　タイプ 1（会計記録のコスト・ベネフィット負、他人資本なしの経営）：会計記録を使用する必要なし。

　タイプ 2（会計記録のコスト・ベネフィット正、他人資本なしの経営）：何らかの会計記録（複式簿記である必要はない）。

　タイプ 3（会計記録のコスト・ベネフィット正、他人資本あり、所有と経営が未分離の経営）：複式簿記。

　タイプ 4（会計記録のコスト・ベネフィット正、他人資本あり、所有と経営が分離した経営）：複式簿記による企業会計。

田口の分類も経営の発展段階に即したものだと判断できるが、既に指摘したように、他人資本の有無を複式簿記導入の契機としている点に疑問が残るし、会計記録のコスト・ベネフィットの正負を分かつ基準が何であるのかが明瞭ではない。

もちろん、どのような経済主体がどのような記録・会計を実践すべきであるのかを明確に線引きすることは難しいと考えられるが、ここでは、先行研究を参考にしつつ、大枠を提示したい。その際、扱うテーマが会計であることに鑑み、単純かつ常識的な判断基準として営農規模や資金調達のあり方と会計の関係に着目する。

（2）農業経営の種類別にみた会計

　農業経営は多様化している。企業的な農業経営、複数の農家によって形成され各農家がそれぞれ利害関係者となっている生産組織もあれば、自給的農家や農産物販売金額が少額であり「所得（もしくは利益）獲得手段」としての農業のウェイトが低い農業経営も存在する。そして、前者が直面するないしは意識する環境変化と後者が察知する環境変化は異なるだろうし、各々の変化への対応も異なるだろう。その場合、個々の農業経営の簿記・会計に対する意識の程度には濃淡があり、実際に取り組む（取り組まねばならない）簿記・会計の内容も異なるように思われる。

自給的農家や小規模な販売農家の場合

　例えば、自給的農家や小規模な販売農家の場合、経営の計数的な把握や管理の必要性は決して高くない。事業所得が48万円以下、兼業給与所得があり事業所得が20万円以下、公的年金収入が400万円以下で事業所得が20万円以下の場合、**確定申告は不要**とされているので、農家の中には税務目的の会計実践すら必要ないものが多数含まれていることになる。また、そうした小規模農家は生産規模が大幅に急変する可能性は低く、繰延べや見越しも毎期ほぼ同一だと見なして差し支えない場合がほとんどなので、収益と収入、費用と支出の相違も大きな問題とはならないことが多い。よって、**発生主義**に基づく会計の必要性は低いと考えられる。

　そもそも、多くの小規模農家・自給的農家の発想は経営部門も含めて「家計的」だと考えられる。つまり、日常的な生活・経営行為に必要な現金がショートしないかどうか、実際に使える余剰現金がどの程度なのか、農産物の売上収入と資材購入のための支出の差額がマイナスの場合には家計からの補填がどの程度であるのかが主な関心事であり、農機具等を更新する際も経営の内部留保をベースにするという感覚ではなく、手持ちの現金から捻出するという意識が強いと思われる。[7] その場合、経営の計数的な管理を精緻に行うことに対する動機は乏しい。外部から出資を受けることもないため、当然ながらアカウンタビリティという会計動機もない。そうした農家・経営に必要なのは「金勘定」と

いう非常にシンプルな形・段階の会計である。

青色申告の有利性がある農家の場合

　農業所得がある程度の大きさになり、青色申告の有利性が認められるようになると事情は変化する。会計の実践は税制上の恩恵を受けるための「義務」となる。この段階でも農業所得は兼業所得等の「補完」という性格が強いケースが多い。そうした経営は規模拡大や独自ルートでの農産物販売、農産加工等の新たな取り組みを積極的に行うわけではないので戦略的に会計情報を活用するという意識は強くないだろう（例えば、小規模な農家が直売所等で農産物の販売を行うこともあるが、その際の値決めは原価ではなく、他者の売値や市場価格に基づくことが一般的だと思われる）。また、他者から出資を受けることもないため財務会計的な意味での会計実践も要求されない。この段階においては、税務目的で青色申告決算書として提出する税務基準の財務諸表やその他の計算書を作成すること、それらを活用して経営の収支概要を把握することが主な会計目的になると思われる。

企業的センスを有する農家の場合

　家族を母体とする農家であっても事業規模がさらに大きくなれば、労働力を外部から雇用したり、単に JA に出荷するだけでなく独自に契約販売を行ったり、六次産業化に取り組んだりするようになる。取引相手が多様化し、自己資金以外の資金を調達するために借入れを行うことも増えてくる。その場合、コストマネジメントを目的とした管理会計的な会計実践や、事業規模の拡大に応じて増大する課税所得を適切に把握するための税務会計も必要となる。また、取引相手や金融機関に経営の状態を説明するための財務会計的な会計実践にも取り組まねばならなくなる。なお、母体が家族の農家であっても事業規模の拡大に伴って法人化し、一戸一法人となることがあり、その場合は会計の重要性が一層高まることになる。ゆえに、この段階の農家、農業法人等においては、財務諸表は税務基準ではなく企業会計と同じ基準で作成し、そこから確定決算主義に従って課税所得を計算することが望ましい。課税所得計算の結果を経営

概況の把握に用いていたのでは、経済活動の実態を正確に写像することができない場合もあるからである。

大規模法人経営や生産組織の場合

事業規模がさらに大きくなり、法人化した経営の中には外部から「出資」という形態で資金を調達するものが出現するようになる。この段階になると農業経営も**アカウンタビリティに基づく会計記録**の作成と開示が必要となる。生産組織や企業からの参入法人等についても同様である。複数農家が設立した生産組織や集落営農組織の場合、個々の構成農家に成果報告を行わねばならないし、雇用労働力を抱える法人経営、多角化や規模拡大に取り組む経営、自ら価格を設定して販売するような経営等においては厳密な経営管理が必要であり、財務会計、管理会計、税務会計それぞれに対応するような会計が必要となる。

このように、事業規模が拡大し、所得や利益が増大し、法人化が進むにつれ、農業経営が実践すべき会計の内容も高度化する。事業規模が極度に小さい場合には、現金の出入りの把握が主な関心事なので、簡素な出入金の記録で十分である。事業規模がやや大きくなると納税目的で会計を実践する必要が生じる。そして、さらに大きくなると財務会計および管理会計、税務会計のいずれの観点からも会計を実践することが重要な意味を持つようになるのである。一般に、会計の実践はアカウンタビリティが出発点だとされている。株式会社をモデルとした会計においてそれは当然だといえるが、農業経営においてはアカウンタビリティという会計動機はむしろ最後の段階で発生すると考えることもできる。[8]

（3）会計行為の担当主体

農業経営の事業規模を軸としてそこで実践されるべき会計について整理してきた。次にそうした会計記帳を行う主体について簡単に触れておきたい。

シンプルな現金管理

自給的農家等が行う現金出納の記録も簿記・会計の範疇に含まれると考える

ことができる。この種の納税目的ですらない記録については各種の証票から単純集計によって作成されるケースがほとんどだと思われる。ゆえに、経営内で自ら作成することが可能であり、それら経営が手数料を支払ってまで「外注」する必要性は低く、実際にそうする経営は稀であろう。

税務申告書類の作成とその活用

　納税目的で会計が実践される場合、本来は複式簿記の記帳が前提となる。農業簿記に関する従前の議論では、どのような経営であっても記帳から財務諸表の作成という一連の会計行為を自力で実践することが暗黙裡に前提とされてきた。しかし、実際には少なくない農家が基礎的なデータを税理士等に委ねて青色申告用の財務諸表やその他の決算書類の作成を依頼している。税務会計が主目的であるような小規模農家は高度な計数管理を志向しているのではなく、税務申告の基礎資料の作成とそれを活用した経営概況の確認が主な会計目的である。この段階の農業経営においては、財務諸表やその他の決算書類の作成を他者に委託し、提供された結果を解釈することも「簿記・会計の実践」の一つの形と捉えて差し支えない。その場合、財務諸表や決算書類の読み方が理解できていれば問題ないので、記帳技術をマスターしたり、自ら記帳したりする労力も節約可能である。もちろん、自ら記帳・作成する農業経営もあるだろうが、農業部門が副業に過ぎない経営の場合、「外注」して結果を活用するという行為も合理的な会計実践の一つの形だと捉えることができる。

企業的な会計実践

　事業規模が大きく、積極的な事業展開を志向する農家や組織経営、法人経営に関しては企業的な会計実践が必要である。その際、経営の内実をより詳細かつ正確に把握するとともにデータの加工や組み換えなどのカスタマイズを適時・適切に行うために記帳や財務諸表の作成は自己の経営内部で行うことが望ましいだろう。

　具体的な外形的判断基準の設定は難しいが、どのような簿記会計が必要であ

り、何をどの程度実践するのかは経営自身がその経営状態や経営目的に応じて判断すべきだと考える。

6 むすび

　農業者が会計を実践することの重要性は高まっているが、それは同時に農業会計を研究し、農業・農業経営にマッチする会計の仕組みや手法・基準を考究する必要があることを意味する。そして、その主なターゲットはいうまでもなく、一定の営農規模を有する農業経営が実践すべき会計、より正確な経営計算・成果把握につながるような会計である。

　多くの先人が様々な検討・考察を行い、優れた理論や手法を開発してきた。そうした既存理論・手法を踏まえつつ、これからの農業経営にとって必要となる新たな会計的思考・手続きについて探求し、今後の研究課題を提示する必要がある。その際に留意すべきは農業経営の特質である。農業経営は工業経営と同じ生産経営だが、活用する技術等は大きく異なる。工業簿記の成果を単純に援用するのではなく、農業経営の特質を組み込みながら会計について検討せねばならない。

補　論①　自計式簿記と複式簿記

　本章の議論は複式簿記を前提として進めてきたが、農業簿記・会計の領域には**自計式簿記**と呼ばれる簿記様式が存在する。自計式簿記は、家計と経営が未分離な農家向けの簿記様式であり、生産組織や農業法人の会計には馴染まない。ここでは農家会計としての自計式簿記について論じることにする。

　古塚（1991）が指摘するように、自計式簿記も「**正規の簿記システム**」としての要件を備えている。ゆえに、自計式簿記で目的が遂行でき、それが制度的にも許されるのであるならば、自計式簿記を選択する経営が存在しても問題はない。ただし、今日的には自計式簿記をあえて選択する積極的なインセンティブはそれほどないものと思われる。自計式簿記と複式簿記に関するこれまでの議論を整理しながら、この点について概説しておこう。

家計部門の内包と簿記

　自計式簿記が有する特徴としてしばしば指摘されているのは、①家計を内包した簿記、②簡便な記帳手続、③農家の特徴を反映した収益認識、である。[9]

　まず、①について検討しよう。自計式簿記は家計部門を内包しているが、複式簿記は含まないとしばしば言われるが、これは正確な認識ではない。企業が制度に沿って会計を実践する際には「**会計実体の公準**」に従わねばならないので、企業をその所有者から切り離した独立の存在として捉える必要がある。このため、企業が行う財務会計目的の複式簿記は出資者の家計部門を内包しない（できない）。しかし、これをもって「複式簿記は家計部門を内包しない」とすることには問題がある。記録を実践する経済主体が農家であり、農家の収支状況全体を把握することを目的とした会計（会計制度や企業的な財務会計目的に依らない会計）を行うのであるならば、家計部門を組み込んだ複式簿記を採用することも可能である。[10]取引の種類や勘定科目が増え、資産、負債、純資産、費用、収益の部門分けが必要になるだけである。

　「自計式簿記は家計部門を内包しているが、複式簿記は含まない」という認

識は、複式簿記には企業会計・財務会計的な制約を無意識に課し、自計式簿記にはそうした制約を課さずに両者を比較した結果として生じたものだともいえる。つまり、複式簿記という計算技法を活用することと複式簿記を「**一般に公正妥当と認められる公正なる会計慣行**」に沿って活用することが同一視されているのである。また、そもそも家計部門を含めることの有益性についても様々な見解がある。家計部門と経営部門では費用・収益に対する認識基準が異なるので、経営部門の会計を精緻に記録するためにはそれらを区分すべきという考え方も正当なものだと思われる。

記帳手続きの簡略化

②については、自計式簿記はすべての取引を現金取引に擬制すること、扱う科目が少ないこと、転記が必要ないこと、等から「難しい複式簿記」に比して農家に適合しているという主張がしばしばなされている。そして、その前提として「農家の記帳能力が低いこと」が従前より指摘されてきた。しかし、今日の農業者の多くにとって複式簿記の仕組みや構造、記帳や計算手順を理解することはそれほど難しいわけではないように思われる。さらに、仕訳から転記、振替まで自動で実行されるようなソフト・アプリも実装されてきており、そうしたツールがない自計式簿記より手数は少ないということもできる。

また、例えば、生産資材を購入し、代金は後払いとした場合、自計式簿記では「資材を現金で購入し、それと同金額を購入先から借り入れた」と読み替えて記録をする。複式簿記でも三伝票制の記帳において振替伝票と入金伝票、出金伝票を用いて取引の読み替えが行われるケースがあるので、「読み替えて把握する」こと自体は否定できない。「熟慮された工夫」として評価すべきである。しかし、信用取引が主流になりつつある昨今において、すべての取引を「現金取引」に読み替えることは逆に混乱を招く難しい手続きとみることもできよう。難しく面倒だから複式簿記は農家には馴染まないというのは的確な主張ではないと思われる。

未実現収益の取り扱い

　最後に、③について検討しよう。自計式簿記では、伝統的に、粗収益を計算する際に当期の所得的総収入（所得的収入＋生産物家計仕向）だけでなく、大家畜等の増殖額や農産物の在庫増加額等も組み込む。そしてこうした収益認識基準が、この種の**未実現収益**を計上しない**実現主義**の企業会計よりも農家の実情に適合するものとされてきた。実際、今日でも**収穫基準**等で収益を認識する場合には未実現収益を計上することが可能である。一方、企業会計の収益認識は2021 年に新基準へ移行したが、増殖額や在庫増加額等はかつてと同様、実現主義に基づき収益計上しない。未実現収益を含めた上で算定される利益ないしは所得には可処分ではない部分がより多く含まれることになるので、その妥当性については既に様々な議論がなされているが、ここで指摘しておかねばならないのは、（仮に）実現主義が農家の実情に適合的でないとしても、そのことをもって「複式簿記は農家に馴染まない」とはいえないということである。

　企業会計がこの種の未実現収益に対して実現主義を採用してきたのは、実際に分配可能な利益を確定するためである。そういう制度上の制約に沿って企業が会計を実践する場合、複式簿記という計算システムと実現主義はセットになる。しかし、複式簿記はあくまでも「複記入・複計算」という記録・計算のシステムであり、何を記録・計算し、それをどう評価するのかはシステムの外の問題である。財務会計として会計情報を作成・開示する際には、複式簿記という計算様式を用い、この種の未実現収益を計上してはならないが、株主への財務報告を行わない会計であるならば、複式簿記を使って自計式簿記と同じ基準で損益計算をすることも――それが有効か否かは別問題として――可能である。複式簿記という記録・計算システムを使うことと、何を記録・計算の対象とし、どういう基準で認識・把握するのかは別問題である。

　個々の経営が、自計式簿記が最適であると判断するならば、それは経営の判断として受け入れるべきだが、今日ではあえて自計式簿記を選択する積極的な理由はないように思われる。修得する機会の多さ、記帳を支援するソフト等の充実度も複式簿記の方が勝っている。企業的な経営でない小規模農家の場合、

自計式簿記が適切という判断も可能だが、それらの多くは青色申告用の農業所得計算に特化した税務基準の財務諸表やその他の計算書（自ら作成したものだけでなく、外注したものも少なくない）から経営の概況を把握することで満足するであろうし、それよりも記帳の必要性が低く、意欲も弱い農家が要するのは、簡便な現金収支表などであろう。

　なお、繰り返しになるが、本補論の意図は、自計式簿記を否定したり、複式簿記との優劣を強調したりすることではない。自計式簿記と複式簿記に関するこれまでの議論を整理することを通して、自計式簿記について考えることが目的である。自計式簿記は優れた特性を持つ記録・計算様式であり、農業経営が最適と判断して自計式簿記を採用・実践することを批判するつもりもない。自計式簿記をベースとした新たな経営管理手法等も研究されている[15]。ただし、今後、自計式簿記をあえて実践しようとする農業経営は間違いなく少なくなる（おそらく存在しない）こと、そして、そのことを「複式簿記は農家に適合しない」として問題視することは必ずしも正しくないこと、は指摘しておきたい。

香川文庸・珍田章生・保田順慶

注
(1) 例えば、引当金や減価償却費、受取配当金等の扱いが異なる。また、農業会計に関しては売上高の認識や農産物の期末在庫評価額、家畜増殖額の処理に違いが生じるケースがある。
(2) ここでいう会計実践とは一定の様式に従った記録計算、具体的には複式簿記（および後述する自計式簿記）の記帳を意味しており、農業者によるシンプルな金銭管理のことではない。農業経営に対する簿記・会計の普及活動の歴史については、阿部（1990）、新井（1983）、清水（2021）等を参照。また、明治期以降の「普及の対象となった農業簿記」の特徴や変遷を、刊行された簿記書を時系列的にレビューすることを通して明らかにしようとした研究として小家（1983）、山田（1987）等がある。
(3) 「複式簿記が農業者にとって難しい」という指摘は古くからなされている。新井（1987）、4頁、家串（2015）、207頁、近藤（1974）、5頁、戸田編（2014）、28頁、等を参照。
(4) なお、田口はさらに議論を進めて「集落ガバナンス」という視点を組み込むと、通常の会計情報を作成するインセンティブを持たない農業経営（小規模であり、会計情報作成のコスト＞ベネフィットの経営）であっても、集落との関連づくりという観点から経営情報の開示を実施する可能性がある、としている。しかし、そこでは作成・開示される情報が「経営の計数的な情報（通常の会計情報）」から「社会責任情報を含む多様な情報」に無意識的にシフトしているようであり、若干の混乱が見受けられる。

(5)　これは、会計との親和性が高い農業経営経済学における基本的な思考モデルである。農業経営経済学の理論構造については、例えば、大槻正男著作集刊行委員会編（1977）、横山（1995）等を参照。

(6)　近藤（1974）、5 〜 6 頁、山田（1987）、91 頁、等を参照。

(7)　小規模な農家、他産業賃労働所得や年金収入等が確保できる農家においては、経営的に赤字であっても「それは自らの農地で自らが生産した農産物を獲得するための対価」と考えて農産物生産を継続するケースが多い。また、そうした農家においては固定資産の減価償却という発想はほとんどないものと思われる。

(8)　この点については、友岡（2012）、29 〜 31 頁が同様の指摘を行っている。

(9)　自計式簿記の記帳手順や特徴については、家串（2015）、大槻（1979）、桂（1981）、桂（1983）、菊地（1978）、菊地（1986）、日浦・古塚（2018）、古塚（1991）、古塚（1993）等が詳しい。

(10)　実際、古い時代の複式農業簿記の中には、「主人家族の生計費を営業費勘定に借方計上するもの」や「家事費用を労働力再生産費用として計上するもの」等も存在する。この点については、山田（1987）、97 〜 99 頁の文献サーベイを参照。

(11)　例えば、家計部門が各種料金の見越しや繰り延べを厳密に行うとは考えにくい。また、経営部門は固定資産の減価償却処理を行うが、家計部門が耐久消費財を購入した際に同様の処理を意識することはないだろう。なお、自計式簿記ではこの点を勘案して家計部門における耐久消費財の資産性を認めず、購入と同時に消耗しつくすものとして扱うが、こうした処理は一部で疑問視されている。常秋（1985）を参照。

(12)　家串（2015）、204 頁、古塚（1993）、22 頁、等を参照。直接的に「農業者の記帳能力の低さ」を明示しているわけではないが、記帳を簡便化することの必要性を強調する文献は非常に多い。それは「農業者の記帳能力の低さ」を認識しているがゆえであろう。

(13)　例えば、資材を購入し、一部は現金払い、残額は掛け買いとした場合に「いったん、全額を買掛金で処理し、同時に一部の買掛金を現金で返済した」という読み替えをすることがある。自計式簿記とは読み替えの方向が異なるが、読み替え自体は複式簿記でもあり得る。

(14)　大槻（1979）、106 〜 111 頁、桂（1981）、45 〜 46 頁、桂（1983）、67 〜 68 頁、菊地（1978）、5 頁、菊地（1986）、96 頁、等を参照。これらの文献では未実現収益を当該年度の収益に算入することが「当然」と判断されている。

(15)　韓・古塚（2013）、二川・古塚（2005）等を参照。

参考文献

阿部亮耳（1990）「農業簿記研究施設 32 年間の回顧と展望」、『農業計算学研究』第 22 号

新井肇（1983）「解題　農業簿記の普及と簿記論」、近藤康男責任編集『昭和後期農業問題論集⑱　経営計画論・簿記論』、農山漁村文化協会

新井肇（1987）『複式農業簿記──伝票会計の実務──』、全国農業会議所

家串哲生（2015）「日本における農業簿記・会計思想史に関する考察──大槻正男『自計式農家経済簿』──」、『農林業問題研究』第 51 巻・第 3 号

大槻正男（1979）『農業生産費論考・農業簿記原理（昭和前期農政経済名著集⑯）』、農山漁村文化協会

大槻正男著作集刊行委員会編（1977）『大槻正男著作集　第 1 巻』、楽游書房

香川文庸（2009）「農業経営による情報開示のインセンティブ──会計コミュニケーション論に基づくアプローチ──」、『生物資源経済研究』第 14 号

桂利夫（1981）「農業会計の会計諸則適用に関する一考察」、『農業計算学研究』第 14 号
桂利夫（1983）「自計式簿記の青色申告適用に関する研究」、『農業計算学研究』第 16 号
韓美英・古塚秀夫（2013）「自計式農家経済簿の資金管理機能に関する考察——現金現物日記帳と資金繰表を比較して——」、『農林業問題研究』第 49 巻・第 1 号
菊地泰次（1978）「自計式農家経済簿における農業経営計算の考察」、『農業計算学研究』第 11 号
菊地泰次（1986）『農業会計学』、明文書房
小家龍男（1983）「わが国における農業簿記学の展開——その方法論に関する考察——」、『農業研究センター研究報告』第 1 号
近藤康男（1974）『近藤康男著作集　第 6 巻』、農山漁村文化協会
清水徹朗（2021）「農業簿記会計と農業経営支援体制再構築の課題」、『農林金融』第 74 巻・第 8 号
田口聡志（2020）「実験会計研究からみた農業会計における記録と開示——開示が生み出す信頼と集落ガバナンス——」、『同志社商学』第 71 巻・第 4 号
常秋美作（1985）「家庭会計から見た農家簿記の問題点」、『農業計算学研究』第 18 号
戸田龍介編著（2014）『農業発展に向けた簿記の役割——農業者のモデル別分析と提言——』、中央経済社
戸田龍介（2017）『日本における農業簿記の研究——戦後の諸展開とその問題点について——』、中央経済社
友岡賛（2012）『会計学原理』、税務経理協会
日浦綾子・古塚秀夫（2018）「自計式農家経済簿の特徴と課題について——単式簿記・複式簿記と比較して——」、『農林業問題研究』第 54 巻・第 3 号
二川智恵・古塚秀夫（2005）「自計式農家経済簿に基づくキャッシュ・フロー計算書の作成方法に関する研究」、『農林業問題研究』第 41 巻・第 1 号
古塚秀夫（1991）「「正規の簿記」としての自計式農家経済簿」、『農業計算学研究』第 24 号
古塚秀夫（1993）「自計式農家経済簿の特徴」、『農業計算学研究』第 26 号
古塚秀夫（2000）「農家経済簿記の現代的評価」、松田藤四郎・稲本志良編著『農業会計の新展開』、農林統計協会
山田稔（1987）「農業複式簿記の社会経済学的研究」、『千葉大学園芸学部学術報告』第 40 号
横山淳人（1995）「出資と所有権の制約——大槻農業経営学の再検討——」、『農林業問題研究』第 31 巻・第 2 号

第2章

リスクキャピタルと稼得成果の会計

1 はじめに

　本章では一般会計学における「資本と利益の会計」に相当する領域について議論する。まず、なぜ、「資本」や「利益」ではなく「**リスクキャピタル**」、「**稼得成果**」という表現を用いているのか、その意図について述べておきたい。

　一般企業の代表例である株式会社の場合、事業を行うための土台＝元手たる資金の提供者には株主（出資者）と債権者が存在する。出資者や債権者はそれぞれの立場に応じて企業資産に対する権利を有しており、その権利を会計的には「**持分**」という。株主の持分が「**株主持分**」、債権者の持分が「**債権者持分**」である。このうち、債権者持分に関しては、債権者に「確定した」財・サービスを提供する義務が法律で企業に対して強制されている。契約期間が終了すれば、提供した資金は原則として全額回収可能であり、利息も事前に定まっている。その意味で債権者持分はデフォルト等の特殊な場合を除けばリスクフリーであり、債権者の権利は一定程度守られているといってよい。一方、株主持分については、出資した資金に対するリターンは最終的な残余であるため、不安定であり、回収が確実でないという意味でリスクを負っている。会計が計算する最終的な成果はそうした「リスクを負った元手に対するリターン」である。

　さて、株式会社の場合、「リスクを負った元手」の基本的な形態は資金＝金

27

銭だが、農業経営、特に農家におけるそれは必ずしも資金のみではない。家族経営においては、自己資金だけでなく、自作地や家族労働力も経営の基盤を構成する「リスクを負った元手」である。そこで、資金も含めてリスクを負う元手全体を意味する用語として本章では「リスクキャピタル」という言葉を使うこととした。また、事業の元手となる土台の組み合わせが異なれば、それに対するリターンの内容も異なる。利益は企業や法人におけるリターン（特に資本〔資金〕に対するリターン）としての意味合いが強いので、事業運営の結果として元手に帰属するリターンの総称を「稼得成果」とした。

　以下、本章では一般企業と比較しながら農業経営におけるリスクキャピタルと稼得成果の関係やその会計上の取り扱い等について検討・考察する。

2　株式会社におけるリスクキャピタルと稼得成果

（1）負債の概念とリスク

　議論のベンチマークとして、一般的な株式会社におけるリスクキャピタルとそれへのリターンについて再整理する。その際、株式会社におけるリスクキャピタル＝**出資金**の特徴を**負債（借入金）**との対比を通して検討したい。

　まず、借入金を包括する負債一般の概念を確認しよう。負債の正確な定義としては、企業会計基準委員会が2006年に発表した討議資料『**財務会計の概念フレームワーク**』の「負債とは、過去の取引または事象の結果として、報告主体が支配している経済的資源を放棄もしくは引き渡す義務、またはその同等物をいう」がある。そして、負債は、法的債務があるものとないものに大別できる。

法的債務の有無による負債の分類

　法的債務がある負債としては、金銭の返済義務である**金銭債務**、物品を提供する義務である**物品提供債務**、サービスを提供する義務である**役務提供債務**などがある。具体的には、借入金、社債、買掛金などが金銭債務の代表例であり、前受金などが物品や役務の提供債務の例である。

　法的債務のある負債は、さらに、その履行義務の確定が留保されているか否

かで**確定債務**と**条件付債務**に分かれる。確定債務はすでに債務の履行義務が決まっているものであり、借入金のように返済義務（返済時期・返済金額）が確定しているものをいう。一方、条件付債務はある条件が満たされたときに履行義務が確定する債務のことである。製品不良が発生した時点でメーカーが保証修理を行うこと等がこれに相当し、履行義務の内容（修理費用等）や時期が明確には決まっていない。

法的債務がない負債は、本来は負債ではないが会計ではその範疇に含めることから、会計的負債と呼ばれる。会計的負債は期間損益計算を適正化するために計上・記録される。例えば、修繕引当金は将来の修繕に対する当期の負担分を——実際には修繕は行っていないにも拘わらず——あらかじめ計上するものであり、会計的負債として認識・区分される。

　企業が事業を営むための原資として調達する借入金は法的債務であり、かつ、確定債務である。したがって、通常、債権者は契約期間が経過すれば提供した資金を回収することが可能であり、資金提供の対価（リターン）である利息も契約時に定額（定率）が確定している。その意味で、負債として企業に提供される資金の提供者は**債務不履行**といった状況を除けば原則としてリスクフリーだということができる。

（2）株主資本の概念とリスク

　負債とともに貸借対照表の貸方を構成するのが**純資産**である。今日、純資産には「評価換算差益等」や「新株予約権」等の様々な項目が含まれており、「資産と負債の差額」以外の積極的な意味は失われつつある。しかし、その中核である**資本金**（株主からの払込資本＝株主資本）については経営体力を司るものとして重要な位置づけがなされている。

　出資を通して企業に提供される資金に対するリターンは残余利益から出資額（持ち株比率）に応じて配当されるため、確定した値ではない。また、株式会社の場合、**有限責任制**であるとはいえ、破産・倒産時の**弁済順位**は**債権者保護**の観点から借入金のほうが出資金よりも高い。こうした意味から、出資金（株主

資本、資本金）はリスクを負った資金であるということができる。

　株式会社の場合、債権者保護を重視しつつも出資者は有限責任であることから、資本金には次の原則が課せられている。第一は「**資本充実・維持の原則**」である。資本充実の原則とは「資本の額に相当する財産が現実に企業に拠出されなければならない」ということであり、資本維持の原則とは「資本充実の原則によって現実に拠出された資本の額に相当する財産は企業に維持・保有されねばならない」ことを意味する。第二は「**資本不変の原則**」であり、これは「いったん定められた資本を自由に減じてはならない」とするものである。これらの原則が置かれていることにより、払込資本の額は企業の信頼度を示す指標となる。

　なお、株式会社等の一般企業においても、資金＝金銭のみではなく、例えば、車両や備品、土地等の現物も出資の対象となることがあり、これらは金銭換算されることによって資金と合算される。その結果、配当の分配は、あたかもすべてが資金によって出資された場合と同様の基準・手順で行われることになる。これを**現物出資**というが、出資される現物の評価の妥当性を確保するために極めて厳格な手続き規制が設けられている。資本が企業の信頼度を示す指標であること、経営が破綻した際に債権者に弁済される資金の原資であることから、評価金額と当該現物の処分価格に乖離があってはならないからである。

3　農家におけるリスクキャピタルと稼得成果

（1）農家における農業経営の基本モデル

　農家におけるリスクキャピタルと稼得成果の関係を明らかにするために農家の経営モデルを解説することからはじめることにしたい。

　農家の場合、提供される「リスクを負った元手」は資金のみではない。農業経営学的には農家（農家経済）の中には消費経済部門としての「**家計**」と生産部門としての「**経営**」が併存している。そして「経営」はそれを内包する農家経済から家産としての**自己資金**と**所有農地**に加えて**家族労働力**を提供され、それらを元手として農業を営む。なお、農家の場合、これら元手の提供は同一経

済主体内における自分から自分への提供であることから、法的な出資に準ずる**「擬制的な出資」**として捉えることができる。ゆえに、一般企業（株式会社）における**「所有と経営の分離」**は農家においては発生しない。また、出資を行う農家経済内の世帯員は**無限責任**を負うことになる。擬制的であるとはいえ、労働力が出資の対象となっている点が特徴的である。

　農家は、自己資金で生産資材を購入し、家族労働力が自作地においてそれら資材を活用して農産物生産を行う。生産された農産物は市場で販売され、代金が経営に入金される。この売上高のことを**「粗収益」**という（農産物の自家消費分は考慮しない）。農家が生産資材を購入するために経営（および農家経済）の外部に支払う代価が**「経営費」**であり、粗収益から経営費を控除した値を**「純収益」**という。そして、この純収益が一般に**「農業所得」**と呼ばれ、これが経営部門に提供された元手に対するリターンに相当する[(1)]。

　仮に、労働力を外部から雇用した場合には労賃を支払う必要があり、それは経営費を構成する。また、資金を負債として調達した場合や農地を借入れた場合、支払利息や支払地代は経営外部に支払われるので経営費を構成する。なお、会計年度を超えて使用される固定資産（農機具等）に関しては、その取得原価総額ではなく、年々の**減価償却費**のみが当年の経営費となる[(2)]。

（2）農家におけるリスクキャピタルと稼得成果の特徴

　以上が最も単純な農家の経営モデルである。不作であったり農産物価格が低迷したりすれば農業所得の値は小さくなるが、逆の場合は大きくなる。つまり、農業所得は実際に農産物生産をした後でなければ確定しない。ゆえに、経営部門に提供された自己資金、所有農地、家族労働力はリターンが未定のリスクキャピタルであり、その提供は出資（擬制的）だと捉えることができる。農家の場合、他からの出資は基本的にないので、企業の資本や株主持分に相当するのは農家経済から擬制的に出資された自己資金、所有農地、家族労働力の結合体であり、その結合体に対する農業所得というリターンの計測が会計の目的になるのである。

混合所得としての農業所得

　農業所得は自己資金、所有農地、家族労働力に対するリターンを総合した「**混合所得**」としての性格を有する。概念的には自己資金へのリターンは自己資本利子、所有農地に対するリターンは自作地地代、家族労働力に対するリターンは家族労働報酬（経営者能力に対する報酬を含む）となるが、農業所得をそれぞれに分割することに大きな意味はない。リターンを享受するのは経営を内包する農家経済ないしは農家経済内の家計部門であり、その享受は一括で行われるのでいずれかに対する配分を大きくしても他が小さくなるだけであり、総計としては同額だからである。また、各リターンの大きさを正確に把握することは困難であるため、そうした分割は事実上できない。農家が農産物の生産コスト（原価）を正確に算定し、管理するのでない限り、家族労働力や所有農地、自己資金それぞれの生産への役立ち（用役価値）の評価や会計的な把握は不要であり、課税所得の基礎となる農業所得の計算が最優先の会計目的となる。

　企業的センスを有する大規模農家の場合、家族労働力に固定的な労賃を支払い費用として計上するケースも存在するが、税対策を目的とした表面的な処理にすぎない。経営主に対する労賃は費用としては認められないし、農家経済全体（生計を一にする世帯員総計）の取り分は最終的には同額になる。課税の種類や対象となる金額は変化するかもしれないが、それはリターン確定後の問題である。一見すると農業所得の算定とは異なる基準で会計が実践されているように見えても、最終的な成果は結局のところ農業所得に帰着するのである。⁽³⁾各リスクキャピタルの**用役価値（サービスポテンシャル）**を推算し、原価計算や生産費計算、特殊原価調査を行う農家も存在する。経営管理のためには重要な取り組みだといえるが、そうした農家においてもリスクキャピタルとリターンの関係でいえば最終的な稼得成果が農業所得であることに変わりはない。

　このように、農家である以上、規模の大小その他にかかわりなくリスクキャピタルは農家経済から擬制的に出資された自己資金、所有農地、家族労働力であり、稼得成果＝リターンは農業所得である。ここで、農家のリスクキャピタルとリターンに関し、いくつか補足をしておきたい。

農家におけるリスクキャピタルの維持

　株式会社においては、株主が第三者へ株式を譲渡できることから、会社が出資された資金を株主に直接払い戻すことは基本的にない。そして、これにより、リスクキャピタルたる資金は会社内部に保持される。しかし、農家の場合、リスクキャピタルの保持は、それが擬制的な出資であることから容易ではない。労働力を農業経営から引き戻して別の用途（他産業賃労働）に振り向けることや農地を他の大規模経営に貸し出して地代収入を得ること（借り手が見つからない場合は耕作放棄地化）等が比較的簡単に行える。そして、この傾向が最も顕著なのが自己資金である。家計費が足りない場合に経営部門から金銭を調達する、逆に経営部門の資金が不足する場合に家計部門から金銭を一時的に補填することが日常的に行われているといっていい。⁽⁴⁾そして、こうした柔軟性が農業を取り巻く社会環境条件が悪化する中で、経営基盤・体力が脆弱な小規模農家が存続しうる要因だといえる。

小規模農家の農業所得に対する意識

　また、農業以外で十分な所得を確保している農家や年金収入に依存している小規模専業農家等の中には、大規模農家や企業的な専業農家とはリターンに関する意識が異なるものが存在する。他の所得獲得機会が存在することから農産物の売上高（粗収益）が経営費を補填できさえすれば、そこから十分な所得が得られなくとも農産物生産を継続するケースが見受けられる。さらに、粗収益が経営費を補填できない場合であっても、その差額（損失）は自分の農地で自分が生産した農産物の一部を自家消費するための代価だと考える農家も少なくない。このことも小規模農家が残存することの一因である。

　農家である以上、リスクキャピタルとリターンの理論的な関係は規模に拘わりなく共通する。ゆえに、小規模農家においても、農業所得の「小ささ」やそれがマイナスである場合には農業生産を継続するための補填額を把握するために農業所得を計測すべきだが、農業が生業ではない場合、そうしたインセンティブは働かないものと思われる。大規模な農家や専業農家は粗収益と経営費の差額・残余である農業所得の正負や多寡に当然ながら関心を持つが、そうではな

い農家も存在するのである。小規模農家が簿記・会計を実践しないことの理由
の一つはここにあるといえる。

4 　会社法人形態の農業経営におけるリスクキャピタルと稼得成果

（1）会社法人形態の農業経営におけるリスクキャピタル

　次に、**農業法人**におけるリスクキャピタルと稼得成果について考察する。農
業法人においても、売上高等の収益からリスクキャピタル以外の資源・資材を
活用するための対価（事前に定まった額）を控除したものがリスクキャピタルに
対するリターンであり、そのリターンの管理が会計の役割である。農業法人に
は、会社法に基づく**会社法人**と農協法に基づく**農事組合法人**が存在する。まず、
会社法人について検討しよう。**表2−1**は各農業法人におけるリスクキャピタ
ルについて基本情報を示したものである。

　株式会社と**合同会社**の場合、リスクキャピタルは金銭と現物のみであり、両
者は現物を貨幣評価することで合算することができる。問題は合名会社と合資
会社である。これらの企業形態は一般企業においても採用されなくなってきて
おり、農業法人に関しても数は少ない（2020年農林業センサスによれば会社法人

表2−1　法人の形態別に見たリスクキャピタルの制度

法人の形態		出資方法	出資者の責任	意思決定	持分の第三者への譲渡	法人への持分の買取請求権
会社法人	株式会社 （非公開）	金銭出資 現物出資	有限責任	1株1票	制限あり	あり
	合資会社	金銭出資 現物出資 労務出資 信用出資	有限責任 無限責任	1人1票	制限あり	あり
	合名会社	金銭出資 現物出資 労務出資 信用出資	無限責任	1人1票	制限あり	あり
	合同会社	金銭出資 現物出資	有限責任	1人1票	制限あり	あり
農事組合法人		金銭出資 現物出資	有限責任	1人1票	制限あり	あり

（出所）筆者作成

21,720 経営体のうち合名会社、合資会社の形態をとる農業法人は合わせて 204 経営体のみである）が、リスクキャピタルの観点からは極めて興味深い存在である。

労務出資と信用出資

人的結合会社として特徴づけられる**合名会社**においては、社員（出資者）全員が**無限責任**を負う。そして、無限責任社員は会社に対し、金銭や現物以外に労働力や信用を出資することができる。これを**労務出資、信用出資**という(5)。不測の事態における債権者保護という観点に立てば、実体を持ち換金が可能な資産に転化することのできる金銭出資や現物出資を充実させる必要がある。ゆえに、我が国では有限責任社員には労務出資や信用出資は認められていない。信用を換金することはできないし、人身売買や奴隷制が認められていないため、労働力と一体不可分の人間を債権者に弁済することはできないからである。しかし、会社の債務に対して無限に責任を負う無限責任社員で構成される合名会社の場合、借入金の弁済に充当する資金を金銭出資によって確保することの必要性は株式会社や合同会社よりも低い。ゆえに、換金性の低い信用や労務の出資が可能とされているのである。

合資会社には無限責任社員と有限責任社員の双方が含まれる。無限責任社員は合名会社のそれと同様の理由で、金銭や現物の出資の他に労務や信用を出資することができる。一方、合資会社における有限責任社員は金銭と現物しか出資することができない。

このように、合名会社、合資会社においては多様な形態で出資行為が認められている。ゆえに、リスクキャピタルとリターンの関係は株式会社や合同会社よりも複雑になる。

農業法人におけるリスクキャピタルの維持

なお、農業法人のリスクキャピタルについても、それが維持できない可能性があることに留意する必要がある。農業法人として認可されているいずれの企業形態も出資者の持分について買取請求権を認めている。出資者は法人を脱退する際に持分を第三者に売却するのではなく、出資した額を法人に対して、一

定の条件・制限のもとで返還請求することができる。

　農業法人、特に生産組織が母体の法人の場合、金銭とともに農地が現物出資されているケースも存在する。法人を脱退する者にとって農地は「希少な資産」である。自ら農業を営むため、離農する場合は転用売却等のために農地の返還が要求されるだろう。資金についても同様であり、脱退後に資金を高い配当率が期待できるわけではない農業法人に出資したままとすることは合理的ではない。これらの理由により、農業法人においては法人そのものを維持することや事業規模の維持が難しくなることがあり得るのである。

（2）会社法人形態の農業経営における稼得成果の分配

　リスクキャピタルに対するリターンについては、構成員が生計を異にする複数人の出資者より構成されることからその分配方式が問題になる[(6)]。

株式会社・合同会社の利益分配

　株式会社の場合、利益（厳密には剰余金）分配は出資金比率、持ち株比率に従って実行することが法的に定められている。出資の対象が金銭と現物に限定されているので、現物を貨幣評価して金銭に加算し、その持分比率で利益を按分すればよい。

　合同会社も出資の対象は金銭と現物のみだが、株式会社とは異なる分配方式を採用することが可能である。合同会社の場合、利益分配は出資金比率もしくは定款に基づいて実施することとされており、出資金に依らない利益分配も可能である。例えば、出資金比率は低いが有望な事業提案を行った者に対し、出資金比率以上の利益を分配することも可能である（**定款自治の原則**）。ただし、農業法人の実務においては平等性や公平性を担保するために、客観性の高い出資金（現物含む）比率による利益分配を実施し、さらに各出資者の出資金額を同額とすることで利益を均等に分配し、出資者間の平等性や公平性をさらに高めようとしているものが多いようである。

合名会社・合資会社の利益分配

　合名会社や合資会社の場合、出資の対象となるリスクキャピタルには金銭と現物以外に労務と信用も含まれる。労働力そのものや信用の金銭評価は本来困難だが、会社法では、労務出資や信用出資がある場合、その**見積評価額**または**評価基準**を定款に記載することになっている。ただし、労務や信用の出資によって換金可能な財産の払込みや給付が実際に行われるわけではないので、それらの見積評価額は金銭や現物には合算されず、資産や資本にも計上されない。

　以上を前提として、合名会社、合資会社の利益分配は次の二つの基準のいずれかで実施することができる。第一は定款の定めに従うものであり、合議によって定めた独自の基準で利益を分配する。第二は、定款に特段の定めがない場合であり、その際には、定款に記載された出資額の比率が配当割合となる。労務や信用の見積評価額を資金や現物の出資額と同列に扱い、それらの持分比率で利益を分配するのである。

　合名会社、合資会社の場合、労務や信用を出資しているのは**無限責任社員**であり、それらの出資は金銭出資や現物出資よりもさらにリスクが高い。また、労務や信用の見積評価額やその基準に十分な客観性が確保可能とはいえない。例えば、「労務・信用の出資は財産出資の最低額に準ずる」といった基準が実務ではしばしば用いられているが、その根拠は明確ではない。ゆえに、実際には、定款で定めた独自の分配方式を採用し、さらに、よりリスクを負う無限責任社員に報いるために労務等に対する分配を厚くするといった措置をとる会社が少なくないと考えられる。合同会社の場合は、出資対象の金銭評価をある程度客観的に行うことが可能であることから、金銭換算された持分の比率で利益分配を行うことが公平・妥当だと判断できるが、合名会社、合資会社においてはそうした分配方式が整合的とは必ずしもいえないのである。

　株式会社や合同会社の設立要件が緩和されたこともあり、合名会社や合資会社が新たに設立されることは少ないだろうし、既存の合名・合資会社は株式会社や合同会社へ組織変更を行うだろう。しかし、合名会社、合資会社はリスクキャピタルとリターンの関係を考究する上で看過できない存在である。

なお、既存の農家が法人の衣を纏う一戸一法人については、看板は法人だが内実は農家なので、表面的な会計処理は農家とは異なるがリスクキャピタルは依然として家族労働力、所有農地、自己資金である。法人化するような農家においては、会社としての形式が整うことで小規模な農家の会計に比べれば高度な会計が実践されるようになることが多い。ただし、その場合でもリスクキャピタルとリターンの関係は結局のところ農家と同様である。

5　農事組合法人における従事分量配当

（1）農事組合法人におけるリスクキャピタルと従事分量配当

　農事組合法人は農協法に基づき、組合員の共同の利益を増進することを目的として設立される法人であり、協同組合的な性格を有している。表2－1（前出）を見る限り、農事組合法人の会計は合同会社や株式会社の会計と同様であると判断できる。しかし、農事組合法人の利益分配方式は合同会社や株式会社とは異なる。農事組合法人の利益分配方式には、①共同利用施設を設置する等の1号事業を実施する場合に適用される利用分量配当（事業の利用分量に応じた配当）、②従事分量配当（事業に労働従事した程度に応じた配当）、③出資配当（持分に応じた配当）、が存在する。そして、農林水産省が提示する『農事組合法人定款例』によれば、実際の配当は、①のみ、②のみ、①と②の組み合わせ、①と③の組み合わせ、②と③の組み合わせ、①と②と③組み合わせのいずれかで行うこととされており（③のみは記載なし）、実際の組合もこれに準じているものと思われる。

従事分量配当

　リスクキャピタルとの関連で注目したいのは、従事分量配当という特殊なルールが容認されていることである。従事分量配当は、労働出役をする構成員に対して労務費を支払わない代わりに法人の利益を業務に従事した労働量に応じて分配する仕組みである。集落営農組織の多くが農事組合法人形態を選択し、従事分量配当を実施している。利益の分配を労働量に応じて行うということは、

労働力は事実上のリスクキャピタルとして出資されているとみなすことができる。

　かつて、菊地（1986）は協業経営のモデルについて「協業経営の構成員である個々の農家から土地、資本あるいは労働力が出資され、それらを経営要素として協業経営が成立する」、「現実には、出資された労働力を評価することが不可能であり、財産（資本）の中に計上するわけにゆかず、会計処理としては各農家から提供された労働を労賃・俸給支出として計上せざるを得ないが、理念的な扱いとしては労働力も出資として考えるのが妥当」と述べたが（菊地、1986、14～15頁）、農事組合法人の中にはそうした実態を具現化したものが存在するのである。

労働を重んじた稼得成果の分配

　農事組合法人においても資金の出資はもちろん存在する。農産物を生産する法人においては従事分量配当と出資配当が組み合わされることが多いと思われるが、その場合、内部留保控除後の利益ないしは剰余（リターン）を労働の取り分と資金の取り分にどのように按分するのかという問題が生じる。農事組合法人においては、組織に資金を出資（場合によっては農地も出資）しているが、組織の業務には関わらない者も少なくない。労働を提供する者の労働従事時間等も異なる。そうした状況下で利益ないしは剰余が発生した場合に資金の提供者と労働の提供者への分配基準を合理的に定めることは困難である。

　農事組合法人においては、出資金に対する利益（剰余金）の配当には制限（上限）が設けられている。農業協同組合法第72条の31および農業協同組合法施行令第41条より、出資金への配当比率は7%以内と定められており、労働に対するリターンと資金に対するリターンはその条件内で協議によって分配されることになる（利用量配当を含む場合も同様）。資金に対して「上限がある」という意味で農事組合法人は労働に対して手厚い分配方式を採用しているということができる。

（2）従事分量配当に関する検討

　このように、従事分量配当は利益の分配としての性格を有しているが、実際には利益が確定する前に**仮払金**という形で労働者に前払い支給することが可能であり、労働の対価を受け取る側としては、確定給与と実質的に変わらないという見解もある。簡単な設例でこの点を確認しよう。

従事分量配当の性格

　当年度の利益が確定する前の段階で、毎月20万円を労働担当者に支給する場合の仕訳は次のようになる。

（借方）仮払金　20万円　　（貸方）現金　20万円

　この仕訳が毎月なので、年間では仮払金の総計は240万円になる。期末に繰越利益剰余金が250万円と確定し、次年度の最初にすべてを従事分量配当として処分することを決定した場合の仕訳は次のとおりである。

（借方）繰越利益剰余金　250万円　　（貸方）仮払金　　　　240万円

　　　　　　　　　　　　　　　　　　　　　　　未払配当金　　10万円

　そして、それを現金で支払ったときの仕訳は以下のようになる。

（借方）未払配当金　10万円　　（貸方）現金　10万円

　労働対価の受け手の立場からすると、実務上は確定給与と変わらない処理がなされているケースが多い。また、従事分量配当は会計及び税制の観点からは「**消費税の課税仕入れ**」に該当するものとされており（森、2007、11頁）、労働サービスへの支払いという位置づけがなされている。

　しかし、仮払金を支払った後に金銭出資への配当を上限（出資額に対して年率7％）まで分配してもなお配当原資が残る場合、それは最終的には出役した者に対して上乗せ支給される。逆に、期末に利益が少額であり、仮払金の総額に満たない場合には仮払金の返還が要求される（ただし、利益の総額が仮払金の総計に満たない場合に仮払金の返還が実際になされることはあまりないようであり、この

ことが税務申告時に問題となることが多い）。労働への対価が確定していないことから、労働力はリスクキャピタル、従事分量配当は利益の分配だと判断せねばならないが、留意すべき点も残されている。

従事分量配当の意義

　我が国の会社法では、換金性に乏しく担保価値のない労働力をリスクキャピタルとして提供する労務出資は、会社の債務に対して無限の責任を負う「無限責任社員」にしか認められていない。[7]これは、会社の財政状態が著しく悪化した場合でも無限責任社員は会社の債務に対して私財をもって償う責任を負うからである。一方、農事組合法人の構成員は有限責任である。ゆえに、従事分量配当と労務出資は似て非なるものとして捉えねばならないが、[8]それでは従事分量配当という特殊な制度をどのように理解すべきであろうか。

　今日の農業、農村において事業の基本となる最重要の資源・リソースは資金ではなく労働力である。その希少な資源を効率的に調達するためには、有限責任の構成員に労務出資に準ずる提供行為を容認し、かつ、手厚い分配をするという仕組みは合目的的であり、労働者が農業に参入するインセンティブを高めるものだと評価することができる。

　以上で検討してきたことから、農事組合法人における従事分量配当は有利性のある仕組みであるということができるが、その本質やあるべき会計処理の方法等についてはさらに研究する必要がある。

6　任意組織の会計

　複数の農家や農業経営が設立した組織や組合の中には法人化せず任意組織として活動を行う経済主体が存在する。その会計処理についても簡単に触れておこう。任意組織には「民法上の任意組合」と「人格なき社団」が存在する。

民法上の任意組合

　民法上の任意組合は二名以上の当事者が出資をして共同事業を営む契約を交わすことで成立し、組合の財産は組合員による「**合有**」となる。合有とは、**共有**（2人以上の者が同一物の所有権を量的に分有する状態）の一形態であり、①各権利者が持分を有し、②その持分の自由な処分・譲渡や分割請求はできないが、③組合・団体から脱退する際には持分の払い戻しを受けることが可能、なものをいう。財を所有できるのは自然人と法的に認められた人格である法人のみであり、民法上の任意組合そのものは財を所有できない。組合自体に税は課されず、構成員が受け取った分配金に対して個別に税が課せられる（**構成員課税**）。なお、組合員は無限責任を負う。農業における具体例の代表は数戸共同の作業受託組織等である。

人格なき社団

　人格なき社団の場合、組織の財産は構成員によって「**総有**」される。総有も共有の一形態であり、①各権利者は原則として持分を有さず、②持分の処分・譲渡や分割請求もできず、③脱退時にも持分の払い戻しを受けることができない、ものをいう。人格がない組織であるため、組織そのものは財を所有できない。この点は民法上の任意組合と同様だが、分割請求権や払い戻しを認めない点で組織維持・財産維持の程度はより高いといえる。人格なき社団の構成員は有限責任であり、課税は社団に対する**団体課税**となる。農業における代表例は作物別部会等である。

任意組織における特殊な会計処理の例

　民法上の任意組合も人格なき社団も、あたかも組合・社団が財を所有しているかのごとく擬制し、なにがしかの会計が実践されているケースが一般的である。複式簿記の計算システムを活用することも可能であり、正確な記録・計算という観点からそうすべきだが、法人の会計とは異なる点もいくつか存在する。その代表例は以下のようなものである。

　民法上の任意組合の場合、組合員が組合から受け取る利得は各組合員の「事

業所得」として扱われ、課税は組合員ごとのいわゆる構成員課税である。ゆえに、個々の組合員の事業所得を算定し、課税関連の書類を作成するためには、厳密には、組合の資産、負債、費用、収益を組合に参加している個人に分割せねばならないが、簡便法として利益の額のみを各組合員に按分する方式が認められている。その場合、個々の組合員に分配する利益を確定するためには、組合員に支払う予定の労賃をコストとして利益を確定し、その利益の分配額を持分に応じて決定した後に、いったんコストとして処理した労賃を利益の分配額に加算した上で組合員に「事業所得」として支払うという二重計算を行わねばならない（森、2007、18 ～ 21 頁）。

　人格なき社団においては、農協等の特定団体へ農産物を出荷することは収益事業扱いされない（国税庁、法令解釈通達、第 2 款、15-1-9）。したがって課税もなされないが、不特定多数に対して農産物を販売することや農作業を受託することは収益事業としてみなされ法人税が課せられる。このため、収益事業の課税所得（ないしは税引前利益）を確定するために、収益事業と非収益事業を区分経理せねばならないが、これはかなり複雑な会計処理である。

　任意組織は法人のように設立に手間がかからないといったメリットがある。さらに人格なき社団については法人でないにも拘わらず有限責任制である。したがって、任意組織にも有利性がないわけではない。しかし、その一方で、団体として人格を有しないことから農地の所有権や賃借権の取得には制限が課せられている。任意組織は不完全な組織であり、法人への転換が望ましいとしばしばいわれるが、実際には相当数の任意組織が存在する。2020 年農林業センサスによれば、法人化していない農業経営体のうち、個人経営体（農家）を除くものの数は 8,804 経営体であり、農事組合法人 7,378 経営体よりも多い。

　会計は財産を所有する経済主体を対象とした経営計算のためのツールであり、任意組織は本来の対象ではない。持分やリスクキャピタル、それへのリターンの認識も通常の法人とは異なる。しかし、任意組織にも何がしかも意義があるからこそ存在し続けているのであり、任意組織が経済活動を営んでいることも事実である。任意組織は企業を模した会計処理を行っているケースが多いよう

だが、任意組織の活動を写像するための仕組みについて再検討する必要がある。

7　むすび

　農業経営は、何をリスクキャピタルと見なすのか、リスクキャピタルの組み合わせをどう捉えるのかによってその性格や目標とすべき稼得成果も異なる。本章では、そうした事柄から派生する会計上の問題点について整理してきた。リスクキャピタルと稼得成果の関係は経営、組織、企業が会計を実践する際に出発点として考慮すべき問題である。

　農業経営は様々な形態で存在する。その形態に応じたリスクキャピタルとリターンの関係を再確認することが本章の目的であった。そして、整理・検討・考察をする中で、農事組合法人の従事分量配当や任意組織の会計等、今後取り組むべき課題も明らかになった。そうした研究を継続して行う必要がある。

補　論②　クラウドファンディングの会計

　今日、農業経営における新しい資金調達方法として注目されているのが**クラウドファンディング**である。クラウドファンディングはインターネットを通じて不特定多数の支援者・賛同者から資金を集める手法のことをいう。生産規模・事業規模が一般企業と比べて相対的に小さい農業経営（特に農家）の場合、資金調達は自己資金の投入か**農協金融**、**制度金融**に依存せざるを得ず、しかも、農協金融や制度金融が確実に確保できるわけでもない。ましてや民間金融機関からの融資は優良経営以外にはハードルが高い。新しい取り組みを行う際には、その傾向は一層強まる。

　そこで、自らの事業や取り組みの意義・趣旨をインターネット経由で公表し、その趣旨に賛同する者から資金を調達する仕組みであるクラウドファンディングが農業の世界でも急速に拡大してきたのである。新しい資金調達方法であることから、その会計的な取り扱いを十分に認識しないままクラウドファンディングを実施している農業者も少なくない。そこで、クラウドファンディングによる資金調達の会計処理について簡単に整理しておきたい。行政組織等が行う「ふるさと納税型」を除くとクラウドファンディングには、**購入型**、**寄付型**、**金融型**の三タイプが存在する。以下、各々について整理していこう。

購入型クラウドファンディング

「購入型クラウドファンディング」は資金を提供した者に対して、物やサービス、権利といった金銭以外の特典をリターンとして提供する。このため、会計処理としては、支援者に還元するリターンが事実上の商品販売に相当することから、通常の商品売買の会計処理と同様となる。調達した資金のうち市場価格に相当する部分は売上（市場価格を上回る部分は寄付として処理、市場価格がない場合は全額が売上）とし、リターンとして提供される製品の価額（ないしは製造原価）を売上原価とみなす。なお、受けた資金を活用して新製品を開発し、完成後に支援者に製品を手渡す場合等では、調達した資金は「前受金」として

処理する必要がある。

寄付型クラウドファンディング

「寄付型クラウドファンディング」の場合、集まった資金は全額が寄付となるため基本的に支援者に対するリターンはない。支援者は社会的に意義のある取り組みをサポートすることで達成感や充実感を味わうことができる。「寄付型クラウドファンディング」によって資金を調達した経営は、それを**特別利益**として計上しなければならない。なお、「寄付型クラウドファンディング」には目に見える形のリターンが存在しないため、詐欺行為や軽犯罪の隠れ蓑として活用されるケースがある。この種のクラウドファンディングを実施する際にはそうした行為と混同されることがないよう注意する必要がある。

金融型クラウドファンディング

「金融型クラウドファンディング」は支援者に対して金銭的なリターンが発生することを特徴とする。金融型は、さらに「**融資型（貸付型）**」、「**株式型**」、「**ファンド型**」に分かれる。融資型（貸付型）の場合、基本的には資金調達を行う時点で利率が決まっており、定期的に金利が支払われる。「ソーシャルレンディング」とも呼ばれるものであり、事実上の借入金であることから資金を調達した経営においては負債（借入金）と同様の会計処理を行う。

株式型は、個人の起案者ではなく株式会社が行う資金調達の一つで、個人投資家へ非公開株を提供する代わりに資金を募る仕組みのクラウドファンディングである。資金を受け入れた側は新株発行と同様の会計処理を行う。

ファンド型は、事業・ビジネスに対して一定の期間出資を募り、支援者はそのビジネスが生んだ利益に応じた分配金を受け取る（支援者に元本は保証されないのが一般的）。資金を受け入れた側は、出資と同様の会計処理を行うこととなる。

一口にクラウドファンディングと言っても多様な形態が存在し、それぞれ会計処理は異なる。なお、農業の世界では現在のところ購入型が一般的だと考えられるが、出資法や農地所有適格法人の出資要件等に抵触しないのであれば、

株式型やファンド型も活用可能である。今後は、融資型も含めた金融型クラウドファンディングも徐々に増えていくものと思われる。農業経営のリスクキャピタルと稼得成果の会計に関する新しい検討領域だといえる。

香川文庸・珍田章生・保田順慶

注
(1) 厳密には、農家において純収益と農業所得が同額になるのは、農家内に他の兼業部門が存在しておらず、そこからの内部仕向がない場合に限られるが、現実には多くの農家においてそうした兼業部門は存在しない。仮に存在する場合でも、そこからの内部仕向はわずかだと考えられるので、純収益＝農業所得と判断して大きな問題はない。菊地 (1986)、131 ～ 134 頁を参照。
(2) 固定資産と経営費の関係について念のため付け加えておくと、農地は不消耗性であることから、購入した農地そのものを使用するために別途費用が生じることはない。減価償却も必要ないので他の固定資産のように、購入した農地、所有農地の利用に要する対価は存在せず、したがって、経営費も発生しない。
(3) 例えば、農産物販売金額が 100 万円、購入生産資材が 50 万円であり、その他に経営費が存在しない場合、農業所得は 50 万円となる。ここで、家族労働力に対し、20 万円を労賃として支払い費用扱いとしたとする。農業所得は 30 万円に減少するが、家族が受け取る金額の総計は 20 万円＋ 30 万円＝ 50 万円で同額になる。農業所得は事業所得、労賃は給与所得なので課税の種類や税率は異なるが、農業の成果として家族が受け取る利得が同額であることに変わりはない。
(4) 農業簿記的には、こうした取引は引出金勘定ないしは経営主勘定を用いて処理される。阿部 (1972)、89 頁、阿部・頼 (1984)、117 頁を参照。固定資産や棚卸資産に転化した資金の引き出しは容易ではないが、現金や預金形態の資金の引き出しは実際にしばしば行われている。
(5) 労務出資とは、社員が会社のために労務に服することによってなす出資のことであり、労働対価は賃金や給料といった確定したものではなく、利益・剰余の分配になる。一方、信用出資とは自己の信用を会社などに利用させることを目的とする出資のことであり、具体的には、会社の振り出す手形の引き受けや裏書き、会社のために物的担保を提供するといった形態がある。
(6) 会社法上では、損益分配と利益配当は区別される。損益分配とは会社が稼得した損益を出資者（社員）にどのように分配するのかという問題である。一方、利益の配当とは稼得成果（損益）が正値である場合に、各出資者に分配された利益に相当する財産を実際に払い戻す行為である。ゆえに、利益分配という表現は厳密には正確ではないが、ここでは一般的に理解しやすい表現として採用することとした。
(7) 有限責任社員に労務出資を認めないのは日本の会社法の規制であり、海外では有限責任社員に労務出資を認めるケースも存在する。高田 (2016)、1 ～ 39 頁、保田 (2022)、3 頁を参照。
(8) 従事分量配当と労務出資の関係については、農事組合法人の規定を創設する立法時の国会審議においても討議がなされていたが、明確な規定はなされていない印象がある。衆

議院（1962）、3 頁を参照。

参考文献

阿部亮耳（1972）『農業経営複式簿記』、明文書房

阿部亮耳・頼平（1984）『農業簿記教本　第 6 版』、明文書房

菊地泰次（1986）『農業会計学』、明文書房

衆議院（1962）『第 40 回国会衆議院農林水産委員会議事録』第 33 号

高田尚彦（2016）「労務出資に関する考察」、『名経法学』第 37 号

森剛一（2007）『集落営農の会計と税務』、全国農業会議所

保田順慶（2022）「農事組合法人の従事分量配当についての考察」『大原大学院大学　研究年報』
　　　第 16 号

第3章

収益と費用の会計

1　はじめに

　本章では、農業を題材にして会計の基本概念である**収益認識、費用認識**と**対応原則**の関係について考察する。

　会計上の利益は収益と費用の差額によって求められる。ある利益の発生に関わる収益と費用は漏れなく同一の会計期間の中で対応すべきであることを規定する原則が対応原則である。収益と費用の対応を図るうえでは、収益と費用の認識時期を揃える必要があり、今日の会計基準では、収益認識に関する会計基準に基づいて収益が認識され、収益の獲得のために費やされた費用は収益の帰属する会計期間に対応して帰属させる。つまり、対応原則は収益と費用をある会計期間で対応させるための原則であり、それぞれの具体的な認識時期を規定するものではない。

　ところが、農産物生産・流通の実際においては、収益および費用の認識に関する会計基準が適合しないケースがある。こうした場合、本来は収益と費用の認識タイミングの決定に直接は関与しないはずの対応原則が例外的にそれらの決定に影響を及ぼしている可能性があることを明らかにし、そこから得られる示唆について検討する。

2 企業会計基準における収益と費用の認識

（1）収益と費用の認識に関する国内会計基準

収益および費用の認識について、日本国内の会計基準について再確認してみよう。多くの場合、収益は顧客との契約に基づく経済的取引によって発生する。契約に基づく取引から発生した収益は、**企業会計基準**第29号「収益認識に関する会計基準」（以下、「収益認識会計基準」）、**企業会計基準適用指針**第30号「収益認識に関する会計基準の適用指針」（以下、「収益認識適用指針」）に基づき認識する。

費用は発生主義（「企業会計原則」第二・一A）によって認識される。一般的な製造業における売上原価・製造原価は、企業会計基準第9号「棚卸資産の評価に関する会計基準」（以下、「棚卸資産会計基準」）に基づいて取得原価で評価され、その支配の喪失に伴い費用が認識される（費用配分の原則、「企業会計原則」第三・五A）。

一般的な物品販売の取引であれば、これらの基準に従い収益と費用の認識が行われる。また、顧客との契約に基づいて発生する収益ではあるものの、他の会計基準（金融商品会計基準・リース会計基準）等の範囲に含まれる取引は収益認識会計基準の対象とならない。この点について、収益認識会計基準や金融商品会計基準は企業会計原則よりも当該会計基準が優先して適用されることを規定しており、逆にこれらの会計基準が規定してない収益認識は、企業会計原則および企業会計原則注解に依拠することになる（**図3-1**）。よって、原始産業における資産の無償取得や資産（金融資産等、他の会計基準に定めるものは除く）の価値の変動など、顧客との契約から生じない収益の認識も企業会計原則の規定に委ねられることになる。

（2）基本概念としての対応原則

対応原則は、企業会計原則において「費用及び収益は、その発生源泉に従って明瞭に分類し、各収益項目とそれに関連する費用項目とを損益計算書に対応表示しなければならない」（企業会計原則第二・一C）と規定されている。ただし、

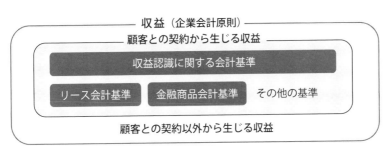

図３－１　収益認識基準に関する会計基準
（出所）筆者作成

　ここでいう対応関係は、統計学的な意味での「相関関係」や金額的に確認・立証できるような「因果関係」を指すものではなく、抽象的・観念的な意味での「結びつき」または「関連性」といった意味しか持っていないと考えられている（新井、1991、174頁）。例えば、ごく一般的な物品販売取引では、商品と代金の交換によって差益が生まれるので、収益と費用の対応について見解の相違は生じにくい。ところが、商品の引き渡しと代金受領のタイミングにラグが生じる場合、この取引の差益の期間帰属をめぐる見解に相違が生まれる余地が出てくる。

　今日の会計基準の視点からすれば、収益や費用の認識は、それぞれの会計基準が決め、対応原則はその下位にあるという理解が一般的だが、一方で、収益認識、費用認識と対応原則の関係にはまだわかっていない点もあることが指摘されている。[1]

（3）農業における国内会計基準ならびに対応原則との関係

　日本国内の農業経営の多くは企業会計基準が強制適用されない小規模経営であり、税務会計や公益社団法人日本農業法人協会・一般社団法人全国農業経営コンサルタント協会等の業界団体が定めた指針に沿った実務が広く行われている。このため、農業には、公表財務諸表制度ほどの厳格な会計ルールが存在するわけではないが、実際に会計処理を選択する際には企業会計基準が重要な参考情報となる。

　ほとんどの農業経営は農産物を販売して収益を得るので、一般的な物品販売

と同様の会計基準に従うことになる。さらに、農作業の受委託についても、収益認識会計基準に基づいて一般的な業務委託の会計処理を適用する。このように、日本国内には農業に特化した会計基準は存在しておらず、製造業やサービス業一般の会計基準が適用される。

　ところが、実際に企業会計基準を農業に応用しようとすると、その文言どおりに適用できない場面がある。そして、その場合の収益と費用の認識は、収益と費用が対応可能なタイミングの制約の中で、いわば事後的に定まるのではないか（ないしは、定まらざるを得ないのではないか、定まることが合理的ではないか）と考えられる。

　対応原則に着目し、「収益がまず決定されて、それと対応して費用を限定するか、逆にまず費用を決定して、それと対応して収益を限定するか」という対応の順序を考察した研究はあるが（阿部、1976）、収益や費用の認識タイミングの決定と対応原則の関係に着目した先行研究はない。

3　農業における原価計算の制約と収益・費用認識

（1）農業における原価計算の制約

　一般に費用と収益の対応関係には、個別的対応と期間的対応があるといわれる。**個別的対応**とは、商品・製品の提供と代金の受け取りといった財の交換の場面に見られる対応関係であり、収益と費用の対応関係を直接認識できるものである。一方、**期間的対応**とは、同一の会計期間内に発生した経済的価値の獲得と喪失に見出される間接的な対応関係である。対応関係として説得力があるのは、正確な**原価計算**によって製品の販売時点まで合理的に費用（**製品原価**）を繰り延べ、収益の確定を待って収益と費用を対応させる個別的対応であるといわれる。

　しかし、多くの農業経営において原価計算は実施されていない。その理由として原価計算の制約となる農業の特質を3つ挙げておこう。[2]

原価計算の制約となる農業の特質

第一は、**担い手としての主体的特質**である。日本国内の農業経営の規模は概して小さく、経理を担当する要員の確保が難しい。このため、小規模な農業経営においては、自身で会計記帳を行わずに第三者による記帳代行サービスを利用するケースが見られる。第三者による記帳代行により、主に青色申告用の簡易な財務諸表の作成は可能となるが、都度発生する原価を追跡する原価管理を実践することは困難である。

第二は、**農産物の商品的特質**である。農産物の多くは生鮮食料品であり保存性が低いことから、収穫直後に販売され、販売のタイミングと栽培期間は概ね同じ会計期間に属する。このため、製品原価計算を伴わなくとも費用と収益の対応が図られる場合が多い。

第三は、**栽培にかかる技術的特質**である。農産物の場合、工業製品における製品とそれを構成する部品の関係のような「投下したコストと製品の関係」が見えにくく、製品原価計算が普及しない。農業では肥料や飼料など農産物との関係が明確な原価（**直接費**）といえども、どの個体に消費されたのかまでは正確に追跡できないことから、**間接費**として**配賦計算**せねばならないものが多い。また、生産物に目を向けると、**副産物**や**連産品**を産出する場合も多く、精緻なコストの追跡が難しい場合もある。

原価計算が行われず適切な売上原価が算定されない場合、収益と費用の個別的対応が成立しない。こうした事情を背景に、農業では古くから農産物の原価計算ができない場合の会計的評価として時価による評価が認められてきた。いわゆる**収穫基準**による収益認識であり、**修正売価**による期末棚卸評価（以下、「期末修正売価法」）である。

（2）収穫基準・期末修正売価法と収益・費用の認識

原価計算を実施しない場合、期末在庫品（農産物）を原価で評価することができないので、当期の売上原価の算定にかかる期末在庫品の会計的評価には、正規の原価計算と異なるという意味での恣意性や操作性が介入してしまう。そ

の場合、**所得税法**上の**農業所得**の計算方法に見られるように、当期に発生した費用はすべて当期の負担分として認識することの方が会計数値の恣意性・操作性はむしろ低いという見方もある。生産資材に関わる期首、期末の在庫調整や、支払費用の見越し繰り延べ、固定資産の減価償却等は行われるだろうが、農業生産のために当期に発生した費用は、基本的に当期に帰属すると考えるのである。生産される作物が一種類で立毛がない状態ならば、販売した農産物と在庫農産物に費用を按分することは比較的容易だが、それでも計算上の恣意性や操作性の介入は避けられない。

　収穫基準と期末修正売価法の概要

　それでは、こうした状況下で、損益計算のもう一方の要素である収益はどのように認識されるだろうか。大半の農業経営は複式簿記の記帳を前提とした厳密な会計は実践しておらず、所得税法に基づいて簡便に農業所得を計算している。原始産業である農業においては、そうした課税所得計算向けの独特な収益認識として収穫基準による認識方法と期末修正売価法がある。

　収穫基準は農産物を収穫した段階で、その時点の売価（**収穫価額**）で評価し、収益を確定する。前期からの製品在庫が存在する場合、その評価額は当期の売上から控除され、代わって期末在庫の評価額は当期の評価益として認識される（いわゆる期末商品棚卸高にかかる決算整理とは異なる処理となることに注意）。

　期末修正売価法を活用した手法も基本的な発想は同様である。実際に販売した売上高を収益として認識し、さらに期末に在庫が存在する場合は、その価値を期末時点で販売可能な売価からアフター・コストを差し引いた価額（**正味実現可能価額**）または売価からアフター・コストおよび正常利益を差し引いた価額で評価し、評価益として認識する。そして、収穫基準と同様、期首の在庫品評価額は当期の売上から差し引くが、期末の在庫品評価額は当期の収益として認識するのである（ただし、この評価額は次期の売上から控除する）。

　収穫基準に関する先行研究

　我が国の税務会計における収穫基準は、金銭によらない収入である「経済的

利益」（所得税法 36 条第 1 項）への課税の一環として販売・自家消費を問わず農産物へ課税する制度として存在している（所得税法 41 条）。これに対して、企業会計における収穫基準は、戦後、税法と企業会計原則の調整プロセスの中で、実現主義の特殊な適用形態として位置づけられている。農業においても、収穫をもって無条件に収益を認識するのではなく、①財貨または役務の移転と②現金または現金等価物（売掛金・受取手形等の売上債権）の取得という収益実現の外見的要件を満たす範囲で収穫基準の適用が認められたのである。

　収穫基準を**実現主義**の一適用形態と見る見解に大きな影響を与えた研究として、ペイトン＆リトルトン（1953）は、収益の**稼得**（earning）と**実現**（realization）という概念に依拠して収穫基準の論拠を二つ示している（ペイトン＆リトルトン、1953、85 〜 90 頁）。第一は、販売活動による実現よりもむしろ生産活動による稼得の方が収益に貢献度が高く、収益と生産活動の間に強い因果関係が認められることである。第二は、成果物が「固定した販売価格を持つ高度に流動的な資産」ならば収益の実現とみなしても重大な誤りは存在しないことである。万代（1993）は、収穫した農産物を「現金と同じ性格の財産」と解釈し、ペイトン＆リトルトンの収穫基準の第二の論拠を支持している（万代、1993、931 頁）。

　ところが、日本国内の農産物の公定価格制は相次いで廃止され、収穫した農産物を現金もしくは現金等価物とみなすことには無理が生じてきた。米についても 1995 年の**食糧管理法**から**食糧法**への移行によって、**公定価格**がなくなったことから、源田（2000）は、所得税法の収穫基準について、その合理性を否定している（源田、2000、247 頁）。すなわち、収穫時点で農産物を時価評価し評価損益を認識する収穫基準は、日本の農産物の取引実態には馴染まないというのが現在の通説であり、販売が予定されている農産物の収益認識は、販売による収益の獲得を待つべきとされている。

収穫基準・期末修正売価法に対する評価

　このような批判があるにも拘わらず、収穫基準は今日でも認められており、実務でも活用されている。また、これに類する期末修正売価法も容認されている。その背景について検討してみよう。

原価計算を行わず、当期に生産した農産物の生産費用をすべて当期の帰属分として認識する場合、当期の利益をより正確に計算するには、当期に生産した農産物は販売・未販売の実際に拘わらず、すべて収益に転化したと認識し、期間的対応を図る必要がある。そして、かつてはそうした処理が一定程度妥当だと判断できる条件が整っていた。収穫基準や期末修正売価法は、原価計算が実施されていない場合に、ある会計期間において収益と費用を対応させねばならないという必要性から生まれた手法だとみることもできよう。農業分野においては、こうした特殊な状況が存在しうるのである。

　以上は最も単純な収益・費用認識の例であり、農産物の販売・出荷の実際はまったく勘案されていない。次に、この点を組み込んだ検討・考察を試みる。

4　農業協同組合（JA）による共同販売と収益・費用認識

（1）農業協同組合（JA）による共同販売の概要

　農業経営は農産物を生産し、販売することを生業とする。したがって、最も単純に考えれば、農産物を販売した時点で収益を認識し、同時に販売した農産物の**生産原価**（＝製品原価）を売上原価として計上することになる。販売が実際に行われれば、現金収入がなくとも何がしかの売上債権を獲得することができるし、商品を引き渡した段階で当該農産物に対する支配は喪失する。ゆえに、収益および費用が確定する。

JAによる共同販売の特徴

　しかし、現実の農産物流通はより複雑である。その代表例が農業協同組合（JA）による**共同販売**である。これは、小規模農家が自ら独自に販路の開拓から代金回収までをすべて実行するのは事実上困難であることから、JAが農産物の販売を受託する方式のことである。

　共同販売の第一の特徴は、**無条件委託販売**である。共同販売の場合、複数の生産者がJAに農産物を出荷し、JAがそれらをまとめて市場等に出荷するため、

各農産物の個々の販売時期や販売価格を正確に追跡することは困難である。このため、受託者（JA）は各委託者（生産者）に対し、当該委託者が出荷した農産物が販売されたタイミングやそれによって生じる販売収益を正確にフィードバックできない。例えば、米取引の場合、他の生産者の米と銘柄ごとに混合して販売される。したがって、出荷後も米の所有権は生産者にあるが、いったん、出荷した後に元の農産物を取り返すことは事実上不可能である。

　第二の特徴は、共同販売独特の代金の精算方式として**共同計算**を適用している点である。共同計算とは、共同販売によって得られた代金を一定期間プール（共同管理）して後日生産者へ配分（精算）する方法である。共同計算方式においては、生産者に精算額が知らされるタイミングは、共同計算の期間が終了した時点（品目によって年間単位、1か月～数か月単位、旬単位、出荷単位と様々）となり、農産物が販売される都度、収益を委託者にフィードバックする仕組みをとっていない。

　こうした特徴が最も顕著であるのが米の共同販売である。米取引の場合、JAから生産者へ支払われる売上代金には、出荷・品質検査後速やかに支払われる概算金としての**仮渡金**と、共同計算により決定した実際の売上高と仮渡金との差額を精算する精算金がある。実際の売上高が仮渡金を下回った場合は仮渡金の一部が生産者から JA へ返還される。代金は、①出来秋前の内金、②出荷時の仮渡金、③仮精算金、④本精算、の最大 4 回、年及び年度を跨いで支払われる。米の共同販売は 1 年以上にわたって正確な収益額が確定しない取引形態であるといえる。

（2）JA の共同販売と委託販売

　JA の共同販売を利用する生産者（農業経営）の収益・費用認識について論じるための前提作業として共同販売の性格について検討する。共同販売において農業経営と JA の間に農産物の売買関係はない。JA は農業経営から農産物を仕入れ、それを市場他に販売しているわけではない。JA は農業経営から販売を委託されており、農産物の販売価格から自らの手数料を差し引いた残額を農業

経営に支払うというのが共同販売の基本的な内容である。

共同販売の会計的性格

この場合、共同販売は会計的には**委託販売**であると見ることができる。ある取引が委託販売であるか否かを判断するための指標には以下の三つがある（収益認識適用指針第76項）。

①販売業者等が商品又は製品を顧客に販売するまで、あるいは所定の期間が満了するまで、企業が商品又は製品を支配していること。

②企業が、商品又は製品の返還を要求することあるいは第三者に商品又は製品を販売することができること。

③販売業者等が、商品又は製品の対価を支払う無条件の義務を有していないこと（ただし、販売業者等は預け金の支払を求められる場合がある）。

これらについて検討してみよう。指標①については、農産物の「**支配**」は、「当該資産の使用を指図し、当該資産からの残りの便益のほとんどすべてを享受する能力（他の企業が資産の使用を指図して資産から便益を享受することを妨げる能力を含む）」（収益認識会計基準第37項）を意味し、共同販売においては、**積送品**（委託者が販売業務の受託者に発送した製品・商品）と捉えることのできる農産物をJAが収奪することはありえず、経済的果実は農業者に還元されることから、この条件を充足する。

指標②については、共同販売は無条件委託販売であり、積送品である農産物は混載によりもはや個性を喪失している。よって、返品や第三者への転売は事実上不可能である。

指標③については、JAは生産者に対し、無条件に対価の支払義務を負っておらず、仮渡金という形で預り金を支払っており、この条件は充足している。

このように、指標②以外は満たされている。そして何よりも、農業者とJAの間に売買契約がないことから、共同販売は委託販売としての性格を有していると判断してよい。

共同販売における収益認識の問題点

　その場合、農業経営が本来採用すべき収益認識基準は、収益認識適用指針（第
75 項）もしくは「企業会計基準注解」注 6 の「受託者が委託品を販売した日をもっ
て売上収益実現の日とする」（以下、「受託者販売日基準」と呼ぶ）である。しかし、
実際には**受託者販売日基準**が採用されるケースは少ない。森（2006）は、JA へ
の委託販売である米穀の会計処理については、受託者販売日基準があまり適用
されておらず、仮渡金・精算金の受領日を売上収益実現の日とみなす基準（以下、
「**仮渡金受領日基準**」と呼ぶ）が実務上・税務上容認されていることを示してい
る（森、2006、18 頁）。また、既述した収穫基準や期末修正売価法を採用する農
業経営も少なくない。このことは、制度（「企業会計基準注解」注 6）と実態の乖
離を示したものといえるが、収益認識会計基準が公表された 2018 年以降も現
在に至るまで解消されていない。

　JA の共同販売のように**価格後決め方式**の無条件委託販売を取引慣行にもつ
産業は極めてまれであり、これに類する契約形態はあまり見られない。出荷時
点で売上が確定していない取引としては「売上の事後調整が発生する**返品権付
き販売**」が存在するが、これに関わる会計処理を共同販売に応用することも適
切とはいえない。返品権付き販売は、収益認識会計基準における変動対価（収
益認識会計基準第 50 〜 55 項）の対象である。ここで、**変動対価**とは顧客と約束
した対価のうち変動する可能性のある部分をいう。米の共同販売では JA と農
業経営の間で事前に対価が約束されることはないため、変動対価の適用対象と
はなりえない。

　このように、共同販売は委託販売の外形的要件を一定程度充足するが、そ
れが本来採用すべき委託者販売日基準は採用せず、さらに、類似の取引に適
合する収益認識基準も採用していない（できない）。その理由について考えて
みよう。

（3）共同販売における収益・費用認識に関するパターン分析

　共同販売を活用する農業経営は受託者販売日基準を採用していない。その理

由は、自経営の農産物を受託者たる JA が販売した時期が確定しづらいことにある。農業経営が受託者販売日基準を採用しない場合、収益認識の選択肢としては、「収穫基準」、「期末修正売価法」、「仮渡金受領日基準」、「回収基準」があり得る。それぞれのパターンにおける収益・費用認識の特徴を整理し、なぜ、仮渡金受領日基準や収穫基準、期末修正売価法が採用されるのかを検討することで、農業分野における収益・費用認識と対応原則との関係について考察する。

共同販売における収益・費用認識の仕訳モデル

　表3−1は、受託者販売日基準に代用される収穫基準、期末修正売価法、仮渡金受領日基準、回収基準それぞれに関し、モデル的な仕訳を例示したものである。その前提条件は次のとおりである。

・会計期間（N年度）は所得税の計算期間と同じ暦年（1月〜12月）とし、米の生産・収穫・出荷・仮渡金の受領は、N年度のうちに行われたと仮定する。
・収穫した米は全て共同販売（委託販売）として出荷し、積送品以外（手許在庫・立毛）の期末棚卸高はないものとする（積送品については、出荷しても販売するまでは在庫資産として扱う）。
・生産物は米のみだが、その製品原価計算はされておらず、今期の農産物の生産費（6,000千円）から今期の売上原価だけを正確に分離できないと仮定する。なお、生産費の支出は3月に一括支払いと仮定する。また、他のコストは発生しないとする。
・N年度における農産物の収穫価額および修正売価は、仮渡金の額（7,000千円）で評価する。公定価格がない状況においては、収穫時の農産物および期末の未販売在庫の評価を仮渡金で評価するという前提は実態に即していると判断できる。
・出荷した米がどの時点で実際に販売されたかは次年度の共同計算終了時までわからないとする。
・米販売が終了し、共同計算の結果が通知されるのはN＋1年8月とし、これをもって本精算とする。また、JAの手数料は考慮しない。

表 3 − 1　米の収益認識に関する仕訳例

N 年産米イベントスケジュール		収穫基準				期末修正売価法			
		借方		貸方		借方		貸方	
		勘定科目	金額	勘定科目	金額	勘定科目	金額	勘定科目	金額
N 年 3 月	米生産費支払	生産費	6,000	現金預金	6,000	生産費	6,000	現金預金	6,000
N 年 9 月	収穫および仮渡金（7,000 千円）の決定	米積送品	7,000	稲作収穫収益	7,000	—	—	—	—
N 年 10 月	出荷および仮渡金（7,000 千円）の受領	現金預金	7,000	仮受金	7,000	現金預金	7,000	仮受金	7,000
N 年 12 月末	N 年度決算	—	—	—	—	米積送品	7,000	稲作収穫収益	7,000
N ＋ 1 年 8 月	共同計算結果周知に伴う精算金（150 千円）受領	仮受金 売上原価 現金預金	7,000 7,000 150	稲作売上高 米積送品 稲作売上高	7,000 7,000 150	仮受金 売上原価 現金預金	7,000 7,000 150	稲作売上高 米積送品 稲作売上高	7,000 7,000 150

N 年産米イベントスケジュール		仮渡金受領日基準				回収基準			
		借方		貸方		借方		貸方	
		勘定科目	金額	勘定科目	金額	勘定科目	金額	勘定科目	金額
N 年 3 月	米生産費支払	生産費	6,000	現金預金	6,000	生産費	6,000	現金預金	6,000
N 年 9 月	収穫および仮渡金（7,000 千円）の決定	—	—	—	—	—	—	—	—
N 年 10 月	出荷および仮渡金（7,000 千円）の受領	現金預金	7,000	稲作売上高	7,000	現金預金	7,000	仮受金	7,000
N 年 12 月末	N 年度決算	—	—	—	—	—	—	—	—
N ＋ 1 年 8 月	共同計算結果周知に伴う精算金（150 千円）受領	現金預金	150	稲作売上高	150	仮受金 現金預金	7,000 150	稲作売上高	7,150

（出所）珍田（2008）、473 頁の表を一部修正。

　以上の前提条件下において各認識基準では次のように収益と費用を認識することになる。

収穫基準による認識

　収穫基準は、収益を認識する収穫時点で必ずしも共同販売契約の締結を前提としていない。原価計算を行っていないため、当期の生産費用は全額が当期の負担分として認識される。また、仮渡金（N 年 10 月）の受領は仮受金として処理するので損益計算とは無関係である。収穫基準の場合、収穫時に収益を認識するが、その際、考慮すべき点が二つある。一つは評価額であり、共同販売の場合、多くの農業経営は仮渡金を基準にしていると推察される。もう一つは仕訳の際の勘定科目である。**表 3−1** の前提条件では N 年 9 月の収穫時点では販

売は完了しておらず、出荷もしていない。したがって収益は認識するものの米自体は手元に残っている。そこで、貸方は「稲作収穫収益」という収益勘定を用いる一方で、借方は「米積送品」という勘定を使用する。

　ただし、「米積送品」という勘定の性格については一考の余地がある。収穫基準では収穫時点で「米積送品」を計上する。出荷以前で米の現物が手元に残存している状態ならば「米積送品」は確かに**棚卸資産**としての性格を有している。しかし、米を実際に出荷した後には事情が変化する。収穫基準の場合、出荷時には新たな仕訳をしない。共同販売は委託販売の一種であり、米の出荷後もその所有権は生産者にある。ゆえに、出荷後も（手元になくとも）棚卸資産として認識することは可能だが、出荷した米そのものを取り戻すことは困難であり、いわんや積送品の滅失など不測の事態においてその補償を現物によって行うことはなお困難である。このことからも「積送品」はその後何らかの現金等価物に変わらざるをえないことがわかる。その意味で「米積送品」は**金銭債権**としての性格も有することになる。

　こうした仕訳の結果、収穫基準では N 年度の利益は「稲作収穫収益 − 生産費」＝ 1,000 千円となる。N＋1 年度に共同計算が終了し、米の販売代金が 7,150 千円であったことが通知されたならば、仮受金（7,000 千円）を稲作売上高の相手勘定として取り崩す一方で、米積送品（7,000 千円）を**売上原価**に振り替える。そして差額の 150 千円を稲作売上高として計上する。

　米に関わる収益が N 年の稲作収穫収益と N＋1 年の稲作売上高の二度計上されているが、N 年の米生産に関わるトータルの利益は、稲作収穫収益（7,000）− 生産費（6,000）＋ 稲作売上高（7,000）− 売上原価（7,000）＋ 稲作売上高（150）＝ 1,150 千円である。N＋1 年 8 月の売上高 150 千円（N＋1 年度の雑収入）の帰属はともかく、N 年度中に費用と収益は対応できている。

期末修正売価法による認識

　期末修正売価法は、積送品である米の期末在庫の評価に修正売価を用いる方法である。実際の販売とは無関係に手持ちの農産物を売価で評価する点では収穫基準と共通する。収穫基準との違いは、収益の認識タイミングが農産物の期

末棚卸の段階だということである。つまり、期末までに販売が完了した米がある場合（**表 3−1** では実際の販売時期が N 年度においては農家には把握できないと想定しているので、存在しない）は販売時点で売上計上し、在庫の期末積送品を修正売価によって評価し評価益を計上する。**表 3−1** では N 年度の期末時点で出荷はしているが販売の取引はないため、手元にはない米も「米積送品」勘定にて処理する。なお、「米積送品」が金銭債権としての性格を有することは収穫基準の場合と同様である。また、利益計算も収穫基準と同様であり、N 年度中に費用と収益は対応できている。

仮渡金受領日基準

　JA の共同販売の場合、農家と JA の取引は売買契約ではない。しかし、仮渡金が米の出荷・検査終了後速やかに支払われるという取引の実態を踏まえ、仮渡金受領日基準では、JA からの仮渡金の受領をもって、稲作売上高の計上を行うことになる。**表 3−1** においては、N 年 10 月の仮渡金の受領を「稲作売上高」として計上している点が特徴的である。N 年度中に生産費と収益の対応が完了している。

回収基準による認識

　回収基準は入金基準や現金基準とも呼ばれる。収益認識会計基準では認められていないが、収益認識会計基準の公表以前においては、割賦販売における例外的処理として企業会計原則上容認されてきた。これは、割賦販売における貸倒リスクに対して一定の配慮をしたものだったが、今日の収益認識会計基準では、支配の移転（販売）時での認識が原則なので回収基準は適用できない。過去においても農産物の共同販売に対して回収基準は採用されてこなかった。割賦販売の場合、貸倒リスクはあるものの売買契約締結時点で売上債権は確定している。その一方で、共同販売では出荷契約締結時点で生産者側の売上債権の額が確定していない数量契約（価格後決め契約）を前提としている（三菱総合研究所、2000）。回収代金の正確な把握という観点に立てば、共同販売にも不確実性は存在する。よって、正確な収益認識・測定をするためには、共同販売に出

荷する農業経営こそ、認識・測定タイミングがより遅い回収基準を選好しても
よいはずだが、それが認められている時代においても農業経営は回収基準を選
択しなかったのである。

　回収基準による収益認識を**表3-1**の設例で確認しよう。N年10月に仮渡金
が入金されるが、これは売上代金の回収ではないゆえ、損益計算には関与しな
い。原価計算を行っていないので当期の稲作生産費は全額が当期負担分となる。
共同計算の結果が通知されたN+1年8月時点で稲作売上高7,150千円がはじ
めて計上される（相手方は仮受金と現金預金）。ゆえに、N年度中は費用と収益
が対応しない。

　以上より、収穫基準、期末修正売価法、仮渡金受領日基準の場合、収益と
費用はいずれもN年度に帰属しているが、回収基準の場合、収益はN+1年度、
生産費はN年度に分かれて帰属しており、**表3-1**の前提の下では収益と費用
の対応が図れないことがわかる。共同販売を委託販売の一種と捉えるならば、
その収益認識は受託者販売日基準によるべきだが、実際の農業経営はこれを採
用していない。また、正確な収益認識と代金の確実な回収という観点に立てば、
回収基準の有効性は否定できない。実際、収穫基準、期末修正売価法、仮渡金
受領日基準が認識するN年度の収益は最終的な確定収益よりも150千円だけ小
さい。それにもかかわらず、農業経営がこれら三基準を実際に採用している理
由は、ある程度の正確性を保ちつつ（逆に言えば、正確性は一定程度犠牲にしつつ）、
ともかく費用と収益を期間対応させ、利益を何がしかの形で確定させようとし
ているからだと考えられる。以下、この点についてさらに検証しよう。

5　共同販売における対応原則の潜在的影響

（1）共同販売の積送品（収穫済未販売農産物）の収益認識

　まず、収穫基準、期末修正売価法、仮渡金受領日基準が完全とはいえないま
でも、ある程度の正確性を持ちうるか否かを検証する。

　共同販売では実際にどの時点でどの価格で販売が行われたのかを農業経営が

知ることは難しい。収穫基準、期末修正売価法の場合、販売の事実が確認でき
るまでの間、積送品という棚卸資産を計上する（齊藤・齋藤、2000、316頁）。そ
の仕訳の相手方は「稲作収穫収益」という収益勘定である。実際には収穫ない
しは出荷したのみであり、販売が確認できないにも拘わらず収益を認識するこ
とに問題はないのだろうか。

　積送品は現金等価物とまでは言い難いが、次の3つの理由からほぼ確実な
収入が期待できる。第一に、米穀の取引では、積送品の返品は事実上困難であ
り、もはや棚卸資産として評価する意義は薄い。積送品の減失や債権回収の失
敗が発生したとしても原状回復ではなく、経済的な補填となることが一般的で
ある。第二に、出荷に伴って受領できる仮渡金は、代金の相当部分を占めてい
る。各JAの精算内容報告書等を確認すると、多くの場合、仮渡金は販売代金
の8割程度である。また、その性格は出荷契約に伴う手付金や預け金であると
同時に、少なくともその一部はJAによる代金債務の先履行となる点も見逃す
ことはできない。第三に、収穫完了時点で共同販売を利用する意思が生産者に
あれば、収穫時にはすでに仮渡金がほぼ約束されている点である。

　したがって、収穫基準、期末修正売価法を採用した場合、今年度の費用に対
応する収益は概算で、今年度に生産した農産物の売上代金の8割＋前年度に生
産した農産物の売上代金の2割（雑収入扱い）となるのが一般的だと推察される。
一方、回収基準の場合は、今年度の費用に対応する収益はすべて前年度に生産
した農産物の売上高ということになる。原価計算を行わず、売上原価を算定し
ない状況下においては、収穫基準、期末修正売価法のほうが回収基準よりもむ
しろ対応度の高い利益計算が可能だとみることができる。

　仮渡金受領日基準についても費用と収益の対応関係は収穫基準や期末修正売
価法と同様である。仮渡金受領日基準では、前受金としての性格を有する仮渡
金を収益そのものと認識する。こうした処理は収益認識会計基準とは相容れな
いが、仮渡金を前受金として処理し、次年度に実際に販売が行われた時点で売
上高と相殺しながら取り崩すという方法よりも、費用・収益の期間的対応を高
めていることがわかる。

（2）収益認識の早期化の情報的価値：適時性と迅速性

仮渡金を基準として早期に収益を認識することには情報的価値という副次的な効果も存在する。確実性に優れる回収基準や本来の受託者販売日基準よりも早期に収益認識する効果として収益認識のタイミングの面から次の三点が挙げられる。

第一は、**未実現損失の先取り**である。収穫基準・期末修正売価法・仮渡金受領日基準は、未実現利益の計上の可能性に耳目が集まりがちであるが、実際には未実現損失の計上の可能性もある。同じ未実現であっても、未実現損失は経営上早急な手当てを促す重要なシグナルである。米価の低迷等の影響により、稲作は常に損失と隣り合わせである。よって損失が生じる場合には、速やかに損失の拡大を防ぐ必要があり、損益計算に「迅速性」[3]が求められる。仮渡金を基準とした収益認識は、そうした機能を果たすことが可能である。仮渡金は、米価が下がった場合にJAが仮渡金の回収をしなくてすむ範囲で決められ保守的に見積もられているので収益が抑えられる一方、費用については、原価計算を行わないこととあいまって当期の支出をすべて費用化するため、損失が出やすい計算構造となっているからである。

第二は、**生産と代金回収の峻別**である。収穫基準・期末修正売価法・仮渡金受領日基準は、積送品（農産物）の会計的評価を仮渡金をもとに行い、その後は売上債権と同様に管理する。この結果、生産時点に収穫価額（仮渡金）で測定した暫定的成果と出荷後の最終売上を峻別するという効果がある（ペイトン＆リトルトン、1953、85～90頁）。米穀の共同販売では、積送品について棚卸による物量管理ができないので積送品の性格はもはや金銭債権的であり、販売結果を共同計算結果の周知まで知ることができない。このため、仮渡金を基準とした収益認識は、積送品の残高管理について、物量情報が必要な棚卸資産的な管理から、主に金額情報に依存する金銭債権的な管理に移行する機能も果たしている。

第三は、**外部報告資料用の基礎情報の提供**である。将来の業績予測に基づいて意思決定する行為、たとえば、JAの組合員勘定の供給限度額を決定する基礎資料として「営農計画書」を作成するためには、前年度の収入金額の情報が

必要となる場合がある。仮渡金を基準とした収益認識は、回収基準よりも早期の意思決定ができ、迅速な収益情報へのニーズに応えることができる。

（3）業績評価と規則性

　仮渡金を基準とした収益認識は、収穫や出荷、仮渡金の受領、期末決算という定期的なイベントにあわせて収益を認識できることから、業績評価に規則性をもたらすことができ、期間比較性を高めることができる。営業サイクルの長い米の共同販売に受託者販売日基準や回収基準を適用すると、販売・代金回収プロセスの会計年度に収益が繰り延べられる現象が発生する。一方で、仮渡金を基準とした収益認識を通じて「年産」単位に毎年規則的に収益を認識することで、当期の生産の出来不出来と当期の収益の大小を比較するという生産者のシンプルな業績評価思考に沿うことができる。仮渡金は、収量や品質等、毎年規則的に得られる非財務データに対して「年産」ごとに一対一で結びつけやすいので、過去の生産活動に関する業績評価と将来の生産活動に関する意思決定に役立つ。したがって、収穫基準・期末修正売価法・仮渡金受領日基準は、生産プロセスに対応した規則的かつ期間比較性の高い財務データを提供できるという面において優れている。

6　原価計算と収益認識

　農業経営の多くは製品原価計算を行わず、JA の共同販売を利用している。そうした農業経営においては、費用と収益の期間的対応の枠組みの中で費用と収益の対応度を高めようとする動機をうかがい知ることができた。つまり、原価計算が行われず費用収益の対応方法が期間的対応のみに限定される場合、費用が発生する会計期間に収益認識を繰り上げる実務が観察された。これは、個別的対応が図られない場合や収益の測定精度が不十分な場合でも、対応関係を維持しようとする動機を示唆しており、対応原則にはその上位に位置する収益認識会計基準を補完する効果があるものとみられる。

　しかし、こうした傾向は原価計算を含むより高度な会計を実践している農業

経営にも該当する可能性がある。農業法人や大規模経営の中にも共同販売を利用する経営は存在する。原価計算を行ったとしても JA の共同販売を活用した場合には、結局のところ委託者販売日基準は採用できないだろう。出荷した農産物の販売時期が確定できないことに変わりはないからである。

収穫基準と期末修正売価法に関しては、農業法人には認められていない。また、青色申告決算書等において当期の収益を直接計算する場合の収穫基準、期末修正売価法の処理は簡単だが、それらを複式簿記で記録しようとすると、**表3−1** の仕訳で示したようにむしろ迂遠な会計処理となる。したがって、複式簿記を記帳し、原価計算を実施するような農業経営が共同販売を利用するケースでは、その収益認識基準は事実上仮渡金受領日基準になるものと思われる。

このように、原価計算を行う農業経営であっても、流通形態によっては費用と収益を対応させるために会計基準とは異なる収益認識をするケースが十分にありうる。しかし、こうした事実をもって原価計算の意義を否定してはならない。原価計算を行うことにより、経営活動の正確な写像、売上原価の把握とそれを活用した経営管理が可能となる。農業経営における原価計算のあり方について再点検する必要がある。

また、念のため、付け加えておくと、共同販売とは異なるルートに出荷される農産物に関しては、農業においても通常の製品売買と同じ収益・費用認識を行うことになる。本章が提示した収益・費用認識の方法がすべての農産物取引に適していると誤認すべきではない。

7　むすび

本章では、慣行的に実施されている費用・収益の認識とそれらの対応に焦点を当て、その根拠に関する検討を試みた。米の共同販売において収益認識の会計実務が会計基準上の委託販売ではなく、仮渡金の受領タイミングや収穫時点、期末時点で収益を認識する理由は以下の二点に要約できる。第一は、取引の不可逆性である。米の流通が民間主体に変化したことに伴い、収穫価額の拠り所は公定価格から概算金へ変化した。これにより価格予想の完全性が喪失したも

のの、米が生産者の手を離れた後は取引が逆進することはなく、何らかの収益の発生が確実となっている。第二は、①利益情報の迅速性、②収益認識の規則性と期間比較性、という会計情報の質的要請である。いかに正確な収益情報とはいえ、翌年度の共同計算結果の公表まで収益認識を待つことは会計情報の価値を著しく損なうことになる。

　このように、収穫基準や期末修正売価法、仮渡金受領日基準が一部の「慣行」として容認されていることの背景は、農業会計学が取り扱う「農業」ないし「農業経営」の範囲が、企業会計基準の視野に収まりきれない特殊性・多様性をもっているということである。そして、そうした慣行的な収益認識が基準・原則どおりの認識よりも経済活動の実態をよりよく反映している場合もある。農業の特殊性に鑑み、これを制度上どのように取り扱うのかは重要な研究テーマである。

　なお、本章では、企業会計基準が捕捉しきれない対象として零細農業経営に焦点をあて、原価計算が実践できない制約下におかれた場合に損益計算がどのように変質するのかを分析したが、農産物の原価計算が不要であると主張する意図はない。企業会計基準は産業社会における重要な指針の一つである。健全な企業活動を営む大規模農家や法人経営、生産組織などにおいて自らの製品・サービスの原価を把握する必要があることは当然である。農業経営における原価計算のあり方について探求する必要がある。

補　論③　農業会計における農業所得計算

　本章では、主に、農家が原価計算を実施していないケースを例として費用と収益の対応および利益（実際には所得）の計算について検討した。現実の農家の中には、製造企業が採用しているような原価計算や工業簿記的な会計処理までは実践していないが、所得税（農業所得）を計算するための必要最低限の会計を実践するものが存在する。

農業所得計算のしくみ

　農家が行う所得税（農業所得）の計算は**商的工業簿記**と同様の勘定構造を持ち、当期の製造原価は、「期首棚卸高＋当期受入高－期末棚卸高」という式に当てはめて計算する。この方法は、期末仕掛品棚卸高を見積原価、製品の期末棚卸高を時価で評価・計算するので、日常的な生産活動を継続的に記録しなくても、事後的に製品原価計算ができる。農業所得の計算は手数を省いた簡便な計算手法として評価することができるが、その反面、期末製品（農産物）は費消した原価とは無関係な時価をもとに評価することから、本来の原価と時価の差の分だけ売上原価に誤差が生じる。また、農業所得の計算は、あくまでも農場全体での期間費用を集計する方法であり、単作経営ならともかく複数の作目を手掛ける場合、作目ごとの製造原価は算定できない点で限界がある。簡単化のため仕掛品や製品に期首在庫がない場合の勘定連絡図を示したものが**図3−2**である。

バックフラッシュ・コスティング（BFC）のしくみ

　周知のように、既往の農業会計学では、農業所得の計算では正確な製造原価計算ができないことから、本格的な原価計算の適用を目指した研究が行われてきた。コストマネジメントのためにより詳細な原価計算を志向する発想は極めて自然である。しかし、農業とは対極にあると目される先進的な企業であってもシンプルな原価計算を行う例もある。その代表例が、**バックフラッシュ・コスティング（BFC）**という原価計算の手法であり、トヨタ自動車等で有名になっ

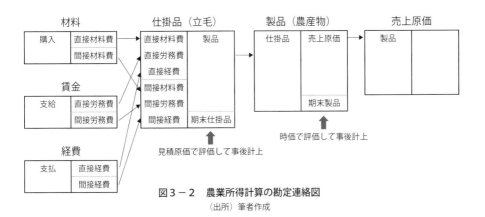

図 3 － 2　農業所得計算の勘定連絡図
（出所）筆者作成

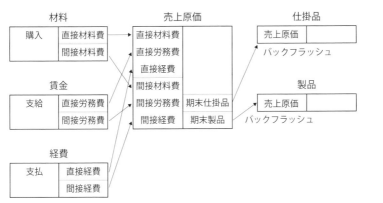

図 3 － 3　バックフラッシュ・コスティング（BFC）の勘定連絡図
（出所）筆者作成

たジャスト・イン・タイム（JIT）方式とあわせて用いられた計算手法である。
BFC は、部品表（および作業仕様書）の利用を前提に在庫記録の省略、とりわ
け仕掛品在庫記録の省略を志向する簡素な標準原価計算のことである。通常の
原価の積み上げを行わず、発生した費用をいったんすべて売上原価とし、期末
在庫の標準原価を売上原価から戻す（バックフラッシュする）方法である。計算
の順序こそ違うが商的工業簿記と同様の計算方法である。簡単化のため、仕掛
品や製品に期首在庫がないとすると、その計算システムは**図 3－3**のとおりで
ある。

このように、BFC も農業所得計算も原価の流れを追わず、一時点の棚卸によって売上原価を計算する点で共通している。農業と JIT 採用の工業では生産方式がまったく異なるにも拘わらず、類似した計算システムが用いられていることは興味深い。「原価計算では、計算目的がすべてを支配する（岡本、2000、5 頁）」といわれることもあるが、農業と JIT の双方に原価の追跡を必要としない共通の計算目的があるのか、それとも単なる偶然なのか、理論面から検討してみる価値があるテーマだと思われる。

珍田章生・保田順慶・香川文庸

注
(1)　例えば、大日方（2007）は財に対する保証の会計処理を例としてこのことについて問題提起をしている。大日方（2007）、73 〜 75 頁を参照。
(2)　以下の記述については、小田他（2013）、24 頁を参照。
(3)　戸田（2017）によれば、赤字の農業の現状（206 頁）ならびにそれに伴う所得税の還付（201 頁）に関するインタビュー調査の結果が記されている。

参考文献
新井清光（1991）『新版　財務会計論　第 2 版』、中央経済社
岡本清（2000）『原価計算　六訂版』、国元書房
大日方隆（2007）『アドバンスト財務会計　理論と実証分析』、中央経済社
公益社団法人日本農業法人協会・一般社団法人全国農業経営コンサルタント協会（2019）『農業の会計に関する指針（平成 26 年 5 月 19 日制定、平成 31 年 4 月 19 日最終改定）』
阿部亮耳（1976）「農産物の費用収益対応について」、『農業計算学研究』、第 9 号
小田滋晃・長命洋佑・川﨑訓昭（2013）『農業経営の未来戦略 I 動きはじめた農企業』、昭和堂
工藤賢資（1981）『複式農業簿記入門』、富民協会
源田佳史（2000）「農業税務会計の諸問題」、松田藤四郎・稲本志良編著『農業会計の新展開』、農林統計協会
齊藤稔・齋藤力夫（2000）『税務会計の理論と実務』、税務経理協会
珍田章生（2008）「自主流通米にみる収穫基準の一考察」、『農林業問題研究』、第 44 巻・第 3 号
戸田龍介（2017）『日本における農業簿記の研究——戦後の諸展開とその問題点について——』、中央経済社
ペイトン,W. A. & リトルトン,A. C. 著、中島省吾訳（1953）『会社会計基準序説』、森山書店
万代勝信（1993）「財産（変動）概念への計算構造論的接近（六）」、『會計』第 42 巻・第 6 号
三菱総合研究所（2000）『平成 12 年度　コメの価格変動リスクに係る業界実態調査　調査報告書』
森剛一（2006）「農業会計の基本的課題」、『農業会計研究』創刊号

第4章

原価と棚卸資産の会計

1 はじめに

　棚卸資産には、商企業においては商品、工企業においては原材料、仕掛品、半製品、製品が含まれる。商企業では外部から商品を購入し、商品の販売を繰り返すことによって利益を生みだすが、工企業においては外部から原材料や労働力の調達を行うことによって製品を製造し、外部に製品を販売することによって利益を生みだす。この一連のサイクルを**正常営業循環過程**と称する。商品ないし製品を販売し、現金や売掛金・受取手形といった売上債権として回収する一連のプロセスが正常営業循環過程となる。この循環過程の中には、相互に形態変化する「現金、売上債権等の**当座資産**」と「販売目的のために保有する**棚卸資産**」という2種類の形態の資産が存在する。この点は農業においても同様である。本章はこのうち、農業経営における棚卸資産の会計について検討する。

2 工企業と類似した農業経営における原価計算

　農業経営は、外部から種苗・肥料や素畜を調達し、育成や肥育を行うことによって外部に農産物を販売する点において、一般的な工企業に類似する。よっ

て、農業経営においても工企業に準ずるような原価計算を中心とした会計を実践することが本来ならば望ましいといえる。

原価計算の概要

　一般的な工企業における原価計算手続きは原則的には**費目別計算、部門別計算、製品別計算**という流れで行われる（部門別計算は大企業の大規模製造工場を想定した計算手続きであり、一般的な農業経営では想定しないことが多いため、ここでは説明は割愛する）。**費目別計算**においては、材料費、労務費、経費の費目ごとに消費額を直接費と間接費に分類し、直接費は仕掛品勘定に賦課し、間接費は製造間接費勘定に集計する。ここで、原材料については、購入時に取得原価によって評価され、継続記録法や棚卸計算法によって出庫管理が行われ消費数量を把握することになる。また、消費価格については、先入先出法などの口別法ないしは平均法に基づいて計算される。そして、消費価格に消費数量を乗じて、各期の費用部分と次期繰越部分に配分される。

　製造間接費勘定に集計された間接費は、適切な配賦基準に従って**仕掛品勘定**に配賦される。仕掛品勘定に集計された直接費と間接費は、期末に製造途上の仕掛品原価を優先的に算定し、仕掛品勘定に集計された原価から期末仕掛品原価を控除することによって、完成品原価を算定することになる（農業経営においては、育成途中の農産物が期末仕掛に該当すると考えられる）。さらに完成品原価は、**製品勘定**に振り替えられ、期末に販売されていない製品原価を優先的に算定することによって、その差額が売上原価として損益計算書に計上されることになる（**図 4-1** 参照）。

　このように、原価計算は期末仕掛品原価や期末製品原価を算定することによって、最終的に売上収益に対応する売上原価額を算定するものであり、期末仕掛品、期末製品という棚卸資産の評価をいかに正確に行うことができるかという視点からなされるものである。

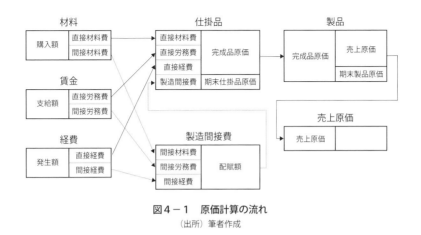

図 4 - 1　原価計算の流れ
（出所）筆者作成

農業経営における原価計算の必要性

　農業経営は、原材料や労働力を投下し栽培・肥育活動を行うことによって、何もないところから農産物を新たに生み出すものである。そのため、農業経営者が農産物の生産に要した原価を正確に把握することができなければ、正確な利益の把握は困難であり、原価の浪費や生産効率の良否を把握して適切なマネジメントを実施することはできない。ゆえに、農産物原価の正確な把握が必要になってくると考えられる。もちろん、小規模零細経営など正確な農産物原価を算定する必要性に迫られない農業経営も数多く存在するが、理論的には正確な農産物原価の算定のために原価計算が必要であると考えられる。

　こうしたことから、一般的な工企業における原価計算手続きに準じて、農産物の原価計算を行うことが古くより提案されてきたのである。

　ただし、そもそも農産物がすべて棚卸資産として扱われるわけではないことには留意されたい。例えば、「牛」という家畜の場合、肉用牛のケースでは当該資産そのものが売買の対象となり利益を生み出す源泉となることから、棚卸資産の対象として扱われることになる。これに対して、搾乳牛のケースでは当該資産そのものが売買の対象となるわけではなく、牛乳生産という生産活動を通じて、泌乳された牛乳が販売されることによって利益を生み出すことにな

る。そのため、搾乳牛は棚卸資産ではなく、固定資産として扱われることになり、減価償却の対象資産として、規則的な減価償却計算が実施されることになる。

3　農業における原価計算の系譜

（1）農業会計への原価計算を否定する立場

　既述のように農業経営は工企業に類似した生産経営である。よって、本来ならば原価計算を組み込んだ会計管理が必要である。しかし、その必要性を否定する研究がかつて存在した。議論の出発点として、まず、これについて検討しよう。

　加用（1973）は、「農業複式簿記は工業簿記の特徴とする原価計算的簿記の性格は持ちえない」（加用、1973、4頁）として、農産物原価計算の有効性を否定した。農産物生産活動は、外部から購入した生産資材と雇用労働力、家族労働力、農地を結合させて、経営内部で農産物を生産するものであり、そこで実践されるべき簿記は、単に外部から購入した財を外部へ販売する商業簿記ではなく、工業簿記的な簿記が望ましいことは認めながらも、生産過程の内部取引を正確かつ貨幣的に把握することが困難であることから、農業複式簿記は工業簿記の特徴である原価計算的簿記の性格はもちえないと考えたのである。そして、農業簿記は販売した農産物の収益と当該農産物の生産原価の個別的対応を図ること自体が困難であり、会計期間に発生した収益と費用を期間的に対応させて利益を算定する期間損益計算を行うことのみのケースが多いと捉えている。そのため、**商的工業簿記**のみならず、一般的な営利企業における商業簿記のような収益と費用の個別的対応に基づく期間損益計算すら行うことができず、費用対効果の観点からもそのような厳密な期間損益計算は要求されないと加用（1973）は考えたのである。

　この加用（1973）の指摘は、農産物生産活動は農業経営の内部で農産物を生産するものであり、工業簿記が適合すること自体は認めているところに価値があると考えられる。すなわち、生産過程の内部取引を正確かつ貨幣的に把握することが困難であることを理由として、農業複式簿記における原価計算の適用

を否定しているのであり、生産過程の内部取引をある程度正確かつ貨幣的に把握することが可能となり、農産物の原価計算を行うことによる計数管理の必要性が高まったのであれば、農業複式簿記における原価計算の適用を否定するものではないと考えられるのである。

そのため、加用（1973）以降においては、農業複式簿記において農産物原価計算を実施することを前提とした研究が見られるようになったと思われる。時代が進むに従い、農産物の生産過程の内部取引を正確かつ貨幣的に把握できるようになるとともに、農業経営の進化によって小規模零細経営から外部労働力も投入する大規模化した経営も増加してくることによって、農産物原価計算に対する期待は上昇してきたと考えられるのである。

（2）農業経営全体へ原価計算の適用を求める立場

加用（1973）を除けば、農業会計学の領域でも原価計算を実施すべしとする研究が主流であった。しかし、それら研究の主な関心は原価情報を活用した経営管理に注がれていたといってよい。主な研究をいくつか整理・検討しよう。

管理会計的な視点から原価計算の適用を検討した研究

田中（1968）は、農業会計は管理会計的視点を持つべきであることを示し、農産物原価計算においては、**総合原価計算**が基本となることを示した（田中、1968、179 頁）。さらに、直接費（素価）のみを農産物に集計する方法によって作目部門選択の判定指標に利用できることを指摘し、農業経営において**直接原価計算**と類似の方法が利用されていることを指摘した（田中、1968、181 頁）。

倉田（1979）は、農産物原価計算を勘定組織の枠外における**特殊原価調査**[1]として実施することを想定して、部門別損益計算の方法を数値例を用いて紹介した（倉田、1979、132 頁）。倉田（1979）が提示した原価計算構造は、農産物の生産に要した原価を、農産物を原価集計単位として集計するものであり、製品別計算における総合原価計算に類似した計算構造になっている。

工藤（1995）は、農産物原価計算を勘定組織の枠内で実施する可能性について示唆した（工藤、1995、58 頁）。その理由は、経営と家計の区分が次第に明瞭

になってきていること、自給物の減少、作目数の減少による専門化、農業法人化の進展などである（工藤、1995、58頁）。そして、複数の作目を生産する場合には、**組別総合原価計算**が適していると主張している（工藤、1995、59頁）。これは、農産物は大量生産品であることから製品別計算として総合原価計算の適用を前提とし、複数の作目を異種製品と捉えて、組別総合原価計算が適合すると考えたものと思われる。また、工藤（1995）は、農業会計学において用いられる「部門」という言葉がセグメントの意味で用いられており、間接費の集計で用いられる原価計算における部門別計算とセグメント別損益計算が混同されていることを指摘している（工藤、1995、59頁）。

　この他、戸田編（2014）や珍田（2014）など近年に至るまで、農産物原価計算の適用可能性について言及する研究は数多く存在する。戸田編（2014）は、価格決定権を握ろうとするような農家においては農産物原価の見積もり計算が必要になることを指摘した（戸田編、2014、95頁）。珍田（2014）は、一つの生産活動から同時に複数の農産物を生み出すプロセスを有し、かつ、生産期間に季節性を有する農業では、本格的な原価計算の実施がない限り、費用と収益の一対一の対応関係の把握が困難であることを指摘する（珍田、2014、120頁）。さらに、農業経営における農産物の育成期間自体は長いが、農産物原価計算においては、原価を直接費のみ集計し営業サイクルの途中で区切って短期的に評価することが多い。そのため、短期的な視点に立脚した**業績評価**が必要となることから、作目別（セグメント別）損益計算と直接原価計算の適用を提唱した（珍田、2014、118頁）。

　このように、農産物原価計算が主張され始めた当初から農産物原価を直接費と間接費に区分して、直接費のみを農産物ごとに集計する直接原価計算の有用性に言及する研究が多かったことが看取される。農産物ごとに直接費のみを集計することで、セグメント別損益計算を実施し、セグメントごとの収益性を明らかにすることによって経営管理に資する原価情報を提供することができると考えられてきた。農業経営の場合、各作目に共通して発生する間接費が多く、かつ**合理的な配賦基準**を見出すことが困難なことが多いことから、間接費の配

賦計算は行わず直接費のみを農産物ごとに集計することによって経営意思決定に資する原価計算の提唱が多かったのではないかと考えられる。

（3）特定の農産物に原価計算の適用を求める立場

原価計算はもともと、工業経営をモデルとして発展してきた。そのことが要因だと思われるが、農業会計学研究においては、事業内容が工業により近い部門、具体的には畜産部門において原価計算関連の研究がより精力的に進められた印象がある。この領域における先行研究をレビューしよう。

阿部（1977）は採卵養鶏農業を事例として、**標準原価計算**の適用について論じた。また、阿部（1978）は同じ採卵養鶏農業の事例を用いて、直接原価計算の適用についても論じた。採卵養鶏農業の事例を用いた理由は、農業の中で最も工業に近い経営形態だからであり、あらゆる農業経営の形態に適用できる標準原価計算や直接原価計算について検討したものではない点において限界がある。ただし、単に農業会計における原価計算の適用可能性を模索したのではなく、標準原価計算や直接原価計算の適用についてまで論じたことに大きな意義があるといえる。

新沼（1981）は酪農経営における牛乳生産を想定して直接原価計算の固変分解の方法とその有効性を検討した。牛乳生産において、飼料費はすべてが直接費かつ変動費と捉えられることが多いが、新沼（1981）は牛乳の泌乳に直接的に関係しない乳牛の維持に必要な**維持飼料**と牛乳の泌乳量の増加に伴って増加する**生産飼料**に区分し、維持飼料は固定費としての性格を有し、生産飼料は変動費としての性格を有することから、飼料費は準変動費的性格を有すると解釈した（新沼、1981、18 ～ 19 頁）。また、飼料費と同様に労働費や減価償却費についても、一律に変動費や固定費として扱うのではなく、泌乳量の増減をドライバーとして変動するか否かという観点から固変分解を行うべきであることを示した。

新沼（1981）は直接原価計算の導入が農業経営にどのように貢献するかという点には言及せず単に費目の分解について論じたものだが、直接原価計算の有効性についてより詳細に検討した研究が新沼・古澤（1982）である[(2)]。直接原価

計算は、収益から変動費のみを控除した**貢献利益**を算定し、貢献利益から固定費を控除して最終的な利益を算定するという計算構造である。そのため、短期的に回収すべき変動費が実際に回収できているか否かを示す貢献利益を算定することで、短期利益計画の策定などの経営意思決定に有効な情報を提供できることになる。新沼・古澤（1982）はそのような直接原価計算の農業経営における有効性を検討したのである。

　これらの先行研究は、採卵養鶏農業や酪農業といった工業生産に近い側面を有する農業経営を対象として直接原価計算や標準原価計算の適用を検討したものであり、様々な農業経営形態に対する普遍性を持つものではないという点に限界があるといえる。非常に多岐にわたる農産物の種類や農業経営形態に適した原価計算手法を一つ一つ提示することは困難と考えられるからである。しかしながら、農業経営者への経営意思決定に資する情報提供という観点からは、農産物の全部原価を計算する**全部原価計算**よりも、直接原価計算の適用可能性への期待が大きく、勘定科目の費目名称から単純に固変分解を実施するのではなく、費目に含まれる金額を細分化して変動費の性格を有する部分と固定費の性格を有する部分に分解する検討をした点等において評価できるものである。

4　活動基準原価計算（ABC）という管理会計手法の適用

（1）ABC の概要

活動基準原価計算（ABC）は、原価計算において**間接費配賦計算の精緻化**を目指して提言された手法である。伝統的な原価計算においては、間接費を製造間接費という一つの部門に集計し、その部門から単一の配賦基準で原価計算対象たる製品に間接費を集計していく。これに対して、ABC は間接費を資源作用因を用いて活動に集計し、活動に集計された間接費を**活動ドライバー（活動作用因）**を用いて原価計算対象たる製品に集計する。活動ドライバーとは、活動に集計された間接費を動かすドライバーとして認識されるものである。活動ドライバーが増加すれば、活動に集計された間接費も増加するという関係性が見出せるものであり、ABC においては適切な活動の分類と活動ドライバーの

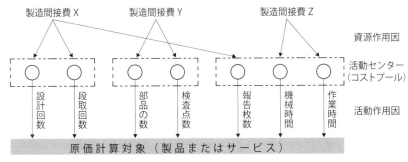

図4-2　活動基準原価計算（ABC）のイメージ

（出所）櫻井（1998）、49 頁

明確化が必要となるのである。ABC の計算イメージは**図 4-2** のとおりである。

　ここで、伝統的な間接費の配賦計算と ABC による間接費の配賦計算を以下の計算数値例によって考察する。

　数値例

　ある農業法人は、製造間接費について ABC を実施することを考えている。現在 3 種類の農産物を生産販売しているが、これまでは、各農産物の収穫時間のみを用いて製造間接費を配賦してきた。

　ABC を試験的に実施するため、農産物の生産準備から出荷して市場に輸送するまでを 6 つの活動に分類し、それぞれの活動に即した活動ドライバーを設定した。

　以下は従来の製造間接費の配賦計算と ABC を実施した場合の配賦計算のために必要な情報である。

- 製造間接費の発生金額：1,346,700 円

- 活動の分類と集計された製造間接費
① 育苗や融雪といった準備活動に集計される金額：33,600 円
② 堆肥散布や耕起活動に集計された金額：672,000 円
③ 播種活動に集計された金額：133,000 円

表4−1　活動ドライバーの例

	作用因	ジャガイモ	タマネギ	ニンジン
準備活動	準備時間	3 時間	2 時間	1 時間
堆肥散布・耕起活動	活動時間	10 時間	8 時間	24 時間
播種活動	播種重量	10kg	5kg	4kg
防除活動	防除時間	3 時間	12 時間	30 時間
収穫活動	収穫時間	1 時間	3 時間	8 時間
輸送活動	輸送回数	2 回	5 回	10 回

（出所）筆者作成

④　防除活動に集計された金額：112,500 円
⑤　収穫活動に集計された金額：21,600 円
⑥　市場への輸送活動に集計された金額：374,000 円

- 活動ドライバーは**表4−1**のように設定する。

計算の結果
　従来の製造間接費配賦計算によった場合に集計される各農産物の製造間接費配賦額は以下のようになる。

　ジャガイモ：112,225 円　　タマネギ：336,675 円　　ニンジン：897,800 円

　一方、ABC を実施した場合の各農産物の製造間接費配賦額は以下のようになる。

　ジャガイモ：300,100 円　　タマネギ：319,600 円　　ニンジン：727,000 円

計算の過程
　従来の製造間接費の配賦計算（収穫時間を使って製造間接費を配賦）はジャガイモを例にすると次のようになる。タマネギ、ニンジンについても同様の手順

表 4 - 2　ABC の計算結果

	ジャガイモ	タマネギ	ニンジン	合　計
準備活動	16,800 円	11,200 円	5,600 円	33,600 円
堆肥散布・耕起活動	160,000 円	128,000 円	384,000 円	672,000 円
播種活動	70,000 円	35,000 円	28,000 円	133,000 円
防除活動	7,500 円	30,000 円	75,000 円	112,500 円
収穫活動	1,800 円	5,400 円	14,400 円	21,600 円
輸送活動	44,000 円	110,000 円	220,000 円	374,000 円
合　計	300,100 円	319,600 円	727,000 円	1,346,700 円

（出所）筆者作成

である。

$$1,346,700 円 \times 1 時間 \div (1 時間 + 3 時間 + 8 時間) = 112,225 円$$

　一方、ABC を実施した場合の製造間接費の配賦計算においては、活動ごとに活動ドライバーを用いて配賦計算を行う。計算結果の詳細は**表 4 - 2**のようになる。
　ここで、例えば、ジャガイモの準備活動に配賦される金額、タマネギの播種活動に配賦される金額は以下の計算式で算定される。その他の活動についても手順は同様である。

ジャガイモ準備作業：
　$33,600 円 \times 3 時間 \div (3 時間 + 2 時間 + 1 時間) = 16,800 円$
タマネギ播種作業　：
　$133,000 円 \times 5kg \div (10kg + 5kg + 4kg) = 35,000 円$

計算結果に基づく考察

　ジャガイモの製造間接費は、従来の伝統的な配賦計算では 112,225 円であったところ、ABC では 300,100 円という結果となっており、従来の伝統的な原価計算ではコストがかなり過小に算定されてしまっていたことが判明する。
　逆にニンジンに関しては、従来の伝統的な配賦計算では 897,800 円であった

ところ、ABCでは727,000円という結果となっており、従来の伝統的な原価計算ではコストが過大に算定されてしまっていたことが判明する。

　すなわち、伝統的な製造間接費の配賦計算では、ある農産物が他の農産物の製造間接費を余分に負担しており、農産物間で**内部相互補助**のような状況が発生してしまっていることがわかるのである。その結果、農産物原価を歪めて算出してしまう可能性があることが見てとれる。伝統的な原価計算による製造間接費の配賦計算は、農業経営者が歪んだ農産物原価をもとにして販売価格の決定など意思決定を行うリスクがあることを示唆しているのである。そこで製造間接費の金額的重要性が大きくなり、多種多様な間接的なコストが発生しているようなケースにおいては、ABCに基づく配賦計算によって、正確な農産物原価の計算を行うことが求められるようになるのである。

　このように、ABCを実施することでより正確な間接費の配賦計算が可能となるが、ABCの効果はそれだけではない。活動に着目することで、準備活動や堆肥散布・耕起活動からはじまって収穫作業や輸送活動までのさまざまな活動が連鎖することによって、農産物というアウトプットが生み出され、農業経営における収益が獲得されることが明らかとなる。これらの農産物の栽培活動の構成要素となる詳細な活動ごとに原価を集計することによって、伝統的な製造間接費の配賦計算では実施できなかった効果的な**コストマネジメント（原価管理）**の実現が目指せるのである。

　さらに、間接的なコストを製造間接費という「ひとくくり」で扱うのではなく、活動ごとに細分化してそれぞれの活動に適した活動ドライバーを探索することによって、農産物生産に直接的に必要性のない非付加価値活動の発見や必要以上の無駄な活動の認識が促進されることになり、「仕事の流れ」の改善（プロセス改善）にも繋がる可能性があるといえるのである。ABCによる情報を活用して、**非付加価値活動**を発見すること等によって**原価低減**を目指す取り組みのことを**活動基準原価管理（ABM）**と呼ぶ。

（2）農業会計学における ABC の研究

　このような、ABC や ABM の間接費配賦計算の精緻化や原価管理、原価低減への役立ちを農業経営においても享受することを意図して、農業会計学の分野においてもその適用を模索する研究が生まれた。

　松田（2000）は、酪農を中心とする農事組合法人の事例をもとに農産物原価計算に ABC を適用した場合の有効性について検証した。農事組合法人の経営活動を細分化し、各活動に直接費および間接費を可能な限り直課（賦課）することで正確な農産物原価を算定し、間接費の配賦計算を少なくすることを目指していた。ABC という従来の農業会計の研究にはなかった手法を用いている点で示唆に富むものだが、伝統的な原価計算手法の結果との比較がなされていないため、ABC の実施によってどの程度の効果があったのかが検証されていない点に限界がある。ABC を実施したとしても従来の原価計算と結果が大きく相違しない場合や（たとえ ABC による効果は存在することが確認されたとしても）導入のために多額のコストを要する場合には、会計手続きに関わる「**費用対効果**」の観点からそれを実施すべきではないという結論になる可能性があり、そこまでの考察がなされていない点に問題があると考えられる。

　武井（2011）は、営農集団の原価構造の事例から ABC の適用の検討を行った。武井（2011）は、松田（2000）の研究が活動区分の精粗と記帳コスト、記帳効果との関係の分析が十分でないために、ABC の有効性を明確に検証できていないことを批判し（武井、2011、64 頁）、各種日報等の原資料が存在する営農集団を事例として、ABC を実施することによって、正確な農産物原価の算定だけではなく、原価低減に資する情報まで入手することが可能となり、活動基準原価管理（ABM）の実施も可能になったことを述べた（武井、2011、64 頁）。

　これらの、農業会計における活動基準原価計算の適用を試みた先行研究は、農業経営の活動区分の精粗や記帳コスト、原資料が容易に入手できるのかという点から、その適用についてさらに検討が加えられるべきであることを明らかにしたことに意義があると考えられる。

（3）先行研究から得られる示唆

　前節も含めて、農業会計学における棚卸資産たる農産物の原価計算適用に関する先行研究の紹介を行った。その結果、農産物原価計算は経営者への経営管理に関する情報提供という観点から、農家やその他の農業経営に体力があれば積極的に実施していくべきであるという主張が古くからなされてきたことが明らかとなった。経営意思決定目的に力点を置いた原価計算適用の有用性を語ることが多かったことから、外部公表用の財務諸表作成のための**棚卸資産評価**として原価計算をどのように用いるのかという観点について検討することのない先行研究も多く見られるといえる。そこで、次に、棚卸資産たる農産物について原価計算を実施することを想定した場合の製品別計算について、さらに考察を深めていく。まず、一般的な製造業会計における原価計算の一連の手続きを再確認したうえで、農業会計学の先行研究において農産物原価計算の製品別計算がどのように考えられてきたのかを紹介する。そして、当該レビューを踏まえて農産物原価計算における製品別計算の方法について考察する。

5　農業経営における製品別計算 （総合原価計算と個別原価計算）

（1）原価計算手続における製品別計算の位置づけ

　一般的な製造業会計における原価計算の場合、製造原価は原則として、実際発生額をまず費目別に計算し、次いで原価部門別に計算し、最後に製品別に集計する（原価計算基準七）。これは、原価計算の最終的な目的は製品原価の計算を行うことであり、原価計算の一連の手続きにおいて製品別計算は必ず実施されるということを示唆している。

　製品別計算は、単純総合原価計算、等級別総合原価計算、組別総合原価計算、個別原価計算に類型化される（原価計算基準二〇）。単純総合原価計算、等級別総合原価計算、組別総合原価計算は、いずれも総合原価計算の一つの類型であり、製品別計算は**個別原価計算**と**総合原価計算**に大別されることになる。

個別原価計算

　個別原価計算は、個別受注生産形態に適合するとされている原価計算手法であり、特定製造指図書ごとに原価集計がなされ、製造直接費は賦課（直課）、製造間接費は配賦されることになる（岡本、2000、28 ～ 29 頁）。具体的には、製造指図書ごとに原価集計を行うため、指図書別原価計算表が補助簿として作成され、仕掛品勘定の内訳を把握することになる。すなわち、顧客の注文ごとに（製造指図書番号ごとに）原価を集計していき、原価計算期間終了段階で顧客に引き渡すことができる状態となっているものは「**完成**」、顧客に引き渡せる状態ではなく生産活動が終了していないものを「**仕掛中**」と認識することになる。なお、特定の製造指図書ごとの生産命令数量の完成を目指すため、生産命令数量の一部分が完成していたとしても、生産命令数量全量の完成が達成されない限り原則として完成品とは認識されない。したがって、特定の製造指図書の生産命令に従って行われている生産活動を加工進捗によって分離して仕掛品の評価を行う必要性はないため、期末仕掛品評価は重視されない。[3]

総合原価計算

　これに対して、**総合原価計算**は、市場見込生産形態に適合するとされている原価計算手法であり、一原価計算期間に生産された同種製品の生産量（期間生産量）に原価が集計される原価計算手法である（岡本、2000、29 ～ 30 頁）。同種の画一的な製品を大量に生産する場合には、原価計算期間に生産された期間生産量とそこに要した当期総製造費用を用いて、期末仕掛品の評価を行い、差額としての完成品総合原価を算出する。その後、完成品総合原価を完成品数量で除することによって、完成品の製品単位原価を算定する。総合原価計算は、製造する製品に「個性」がないといえ、同じ製品を大量に生産することから、最終的に完成品総合原価を完成品数量で除して平均化された完成品単位原価を算定する。[4] このような計算構造を有することから、総合原価計算においては**期末仕掛品の評価**が決定的に重要であり、必要不可欠なものであるといえるのである。

ここにおいて重要な点は、製品別計算のいずれを選択するのかという点は、生産している製品の特性（個別受注生産品なのか、市場見込生産による大量生産品なのか）に依拠するものではなく、**原価集計単位を特定の製造指図書ごとの生産命令数量とするのか、期間生産量とするのか、という観点からであるということ**である。すなわち、大量生産品が原価計算対象であっても個別原価計算を適用すること自体は可能であり、個別受注生産品が原価計算対象であっても総合原価計算を適用すること自体は可能なのである。生産形態が個別原価計算を適用すべきなのか、総合原価計算を適用すべきなのかを規定するものではなく、原価集計単位をどのように捉えるのか（捉えたいのか）という観点から、個別原価計算と総合原価計算のいずれの製品別計算の方法を適用するのかは決定されるのである。

（2）先行研究における農産物の製品別計算

　農業会計学の先行研究においては、基本的に農産物原価計算は総合原価計算を採用するべきであり、個別原価計算は植木や鉢物などの1つずつ異なるものを育成しておのおの個別原価を算定しようとする場合にのみ適合すると説明されてきた（阿部、1974、133頁）。これは、農産物は市場見込生産に基づく大量生産品であり、製品に「個性」が存在しないため、個別原価計算はなじまず、総合原価計算が適していると考えられてきたためと思われる。このような見解は近年まで継続的になされているものであり、最新のテキストである古塚・髙田（2021）においても、植木や盆栽など特殊な農産物のみに個別原価計算が妥当であり、それ以外の農産物については総合原価計算が適していると主張されている（古塚・髙田、2021、162 〜 163頁）。

　このような、農業会計学の先行研究における見解は、一般的な農産物は大量に生産するものであるため、原価計算の実施にあたっては原価集計単位を期間生産量と捉えることが現実に適しているという認識に立脚していると考えられる。すなわち、原価計算対象たる製品の属性に着目して、大量生産品である農産物は大量生産品の製品別原価計算に適しているとされる総合原価計算が適合すると考えたとみることができる。

　しかしながら、このような理解とは別の捉え方も可能であり、農産物の特性が大量生産品であるから個別原価計算を適用するべきであるという発想は一面的だと考えられる。原価集計単位をどのように捉えるかによって、個別原価計算を適用するのか、総合原価計算を適用するのかを決定するという考え方もあり得るように思われる。

（3）農業経営が採用すべき原価計算の探求

　従来の農業会計学の研究においては、原価計算対象の属性に基づいて個別原価計算と総合原価計算の適用適性について論じてきたが、活動概念に基づいて適合する製品別計算が規定できるのではないかと考えられる。

　既述のように活動概念は、ABC において用いられるものである。ABC は、製品が活動を消費し、活動が資源を消費するという基本理念のもと、各製品の活動のもとに原価を割り当てるものであり、原価は資源作用因を用いて活動に割り当てられる。その後、活動に集計された原価を原価作用因（活動作用因）を用いて製品に割り当てるという計算構造をとることになる（櫻井、1998、45 〜 50 頁）。

　農産物の生産活動を活動概念によって区分した場合、農産物生産は大きく分けて**耕種農業**と**畜産業**に分類できるのではないかと考察する。もちろん、農業経営は耕種農業、畜産業として単純に二分できないことも多いと考えられるが、代表的な農業経営の形として耕種農業と畜産業に大別して考えたい。

耕種農業の場合

　耕種農業においては、人的資源や種苗・肥料といった物的資源を投入することによって栽培活動を実施することから、準備活動、播種活動、収穫活動などの栽培活動の連鎖による生産プロセスと捉えることができる。そして、農産物の栽培活動の連鎖は、最終的に圃場に集約されることになる。圃場において種苗の播種活動ないしは定植活動から農産物の収穫活動までが実施されることになり、圃場という**対象区画**において農産物の生産は完結することになる。そこで、圃場という対象区画を前提として、圃場単位で原価集計を行うことが可能となり、製品別計算のうち個別原価計算が適合するケースが多いのではないか

と考えられる（保田、2017、161頁）。すなわち、耕種農業は1枚の圃場を1枚の製造指図書とみなし、圃場ごとに原価集計を行う計算構造が適するケースが多いと考えられ、一般的な製造業会計における個別原価計算と類似した計算構造になると考えられるのである。

　原価が直接費となるか、間接費となるのかの区分は、圃場に対して直接的に認識・集計することができるのかという観点からなされることになる。投入される種苗費や肥料費などは個々の農産物に紐づけて考えれば間接材料費となることも多いと考えられるが、圃場単位で捉えれば直接材料費となると考えられる。すなわち、原価集計単位をどのように捉えるかによって、ある原価が直接費となるのか、間接費となるのかは変化するのである。農作業も圃場ごとに記録することは可能であることから直接労務費も圃場ごとに把握可能である。したがって、直接材料費や直接労務費については、大きな負担を要することなく圃場ごとに把握できるケースが多いと考えられることから、費用対効果の観点からも圃場別個別原価計算の実現可能性は十分にあると考えられるのである。

　また、耕種農業で圃場を原価集計単位とした個別原価計算を実施する場合に、圃場の中の一部に立毛（未収穫農産物）が存在する場合には、棚卸資産評価が必要となる。ただし、棚卸資産評価することイコール総合原価計算ではない。個別原価計算における分割納入制の計算手法を用いれば⁽⁵⁾、圃場別個別原価計算の枠内でも収穫した農産物と未収穫農産物の原価を分離し、棚卸資産評価をすることが可能となると考えられる（保田、2017、162頁）。

　畜産業の場合

　これに対して、畜産業は、素畜や人的資源を投入することによって、畜産物を生育させて出荷することを目指す農業と捉えることができる。群管理を行うような畜産物を想定した場合、出荷まで至らない畜産物も存在することから、原価計算にあたって棚卸資産評価が必要となる。もちろん、畜舎などを原価集計対象として個別原価計算の適用も考えることは可能であるが、未出荷の畜産物に対する棚卸資産評価も行う必要性が生じる可能性も考慮すると、**肥育期間**を原価集計単位として総合原価計算を適用することがより実状に適した原価計

種類		活動		前提条件		原価集計対象		原価計算手法
耕種農業	→	栽培活動	→	対象区画	→	農産物	→	個別原価計算
畜産農業	→	肥育活動	→	期間区画	→	畜産物	→	総合原価計算

図4－3　活動概念を用いた分類
出所：保田（2017）、162頁

算になると考えられる。すなわち、肥育活動は肥育期間という**期間的な区画**によって原価集計を行うことが可能であり、肥育期間を原価集計単位として棚卸資産評価を行い、肥育が完了した生産頭数をもって平均単位原価を算定するという総合原価計算に類似した原価計算方法が適合するケースが多いと考えられる（保田、2017、161頁）。すなわち肥育期間の肥育活動量を表す期間生産量を原価集計単位とする総合原価計算に類似した計算構造との親和性が想定される。個体管理を行なわず群管理を行なうような畜産農業においては、肥育活動によって連続的に畜産物が肥育されるため、肥育期間終了時に出荷可能な状態となった畜産物の頭数で集計された原価を除することにより、平均化された1頭当たりの単位原価を算定することに合理性があると考えられるのである。

　もちろん、肉用牛など個体管理を実施しているケースには、個体を原価集計単位として素畜費や肥育費を個別に集計できるはずである。その場合には、総合原価計算ではなく個別原価計算に類似した原価集計が実施されることになる（保田、2017、161頁）。活動概念を用いた原価計算の分類のイメージは**図4－3**のようになる。

　このような見解は、耕種農業では必ず圃場を原価集計単位とした圃場別個別原価計算を適用し、畜産業には必ず肥育期間の期間生産量を原価集計単位とした総合原価計算を適用するべきであるという主張ではなく、いかなる製品原価計算方法を適用するか最終的に決定するのは農業経営者自身である。個々の農業経営者がどのような農産物原価計算を実施するのか（農産物原価計算の精粗をどこまで追求し、正確性をどこまで要求するか）は、**費用対効果**を勘案して農業経営者の判断で選択されるべきものであろう。

6 むすび

　本章においては、主に棚卸資産のうち農産物の原価計算について論じた。棚卸資産は、耕種農業においても畜産業においても決算書で大きなウェイトを占める可能性があり、その評価を考えることは重要である。本章では過去の先行研究の主要な見解を覆すような主張を述べたが、その点についてはあくまでも試案・私案であり、農業会計学において統一的なコンセンサスが取れているわけではない。

　実務的には納税計算が最優先であり、正確な原価計算の実現はあくまでも内部管理用の管理会計目的としての貢献が期待されるものであるが、外部雇用を広く行い外部からの資金調達も積極的に行うような法人経営などにおいては、必然的に正確な農産物原価計算が求められるようになるはずである。そこで本章では、現実の実務的要請に応えるという観点から理論的なフレームワークを提示するのではなく、将来的な実務への貢献や農業会計学発展への期待をいくぶん先取りして試案・私案を提示することを試みた。さらなる探求を継続したい。

補　論④　労賃の取り扱い

　農産物原価計算の重要性についてこれまで述べてきたが、農業生産のために
発生した労賃（労務費）の取り扱いについては、多くの問題を有しており今後
の検討課題といえる。

家族労賃の特殊性：コストと所得

　農産物原価計算を適切に実施し、正確な農産物原価を算定するためには、当
該農産物の生産に要した労務費（人件費）をコストとして認識し、原価として
算入する必要性がある。農業は、他の産業と比較しても機械化が困難な作物が
数多く存在し、農産物生産に対して農作業等の労働が寄与する部分は大きい。
しかし、個人経営の場合、経営主の人件費は、経営者としての対価と従業員と
しての対価から構成され、峻別が難しい。このため、所得税法でも経営主の人
件費はコストとして算入してはならない。経営主の人件費は、役員報酬となり
最終的に算定された所得から配分される対象となる。これに対して、外部から
雇用した労働力の労賃は青色所得申告書上、雇人費としてコストとして計上さ
れることになる。これは、同じ労働が提供されたとしても、用役の提供主体が
経営主であれば労務費として計上されず、用役の提供主体が専従者や外部雇用
者であれば労務費として計上されるという相違をもたらす。さらに、家族経営
の場合には、家族労働力をあたかも外部からの雇用労働力として擬制するのか、
農家経済から内給されたリスクキャピタルとして扱うのかによって算定される
農産物原価は大きく変わってしまうことになる。

　また、経営主以外のケースであったとしても、当該労賃を労務費として計上
する場合、その金額の妥当性に疑念が生じること——他の一般的な製造業と比
較すると非常に安価な労働対価しか支払われていないように見えてしまうよう
なケース——も見受けられる。このような場合には、たとえ外部雇用の労賃を
労務費として農産物原価の計算に算入したとしても、結果的に不正確な農産物
原価しか算定できない可能性があるのである。

予定賃金・標準賃金の適用可能性

　このような問題点に関して、実際に支払った労賃を労務費として認識するのではなく、一般的な農作業における対価を調査して、当該対価をベースとした労賃を労務費として農産物の原価に算入するという手法が提案されることがある。これは、予定賃金ないしは標準賃金を用いて農産物原価計算を実施するというものであり、実際の支払額をベースとして納税計算を行うのとは別に内部管理会計として実施されるものである。納税計算とは別に管理会計資料として予定賃金ないしは標準賃金を用いて農産物原価計算を実施するということであり、農家に対して二重の計算記帳を求めることになるという点で負担が大きくなり、会計的な費用対効果の観点から問題があると考えられる。

　さらには、そもそも適切な予定賃金ないしは標準賃金をどのように算定するのかという点にも課題が存在する。農作業は千差万別であり、同じような農作業であったとしても、個々の農業経営における圃場や農地の環境や条件によっても大きく作業内容や作業の質が異なり、画一的かつ客観的な予定賃金ないし標準賃金を設定することは困難であるケースが多く想定される。

　正確な農産物原価の把握は、農業経営者が適切な意思決定行動を取るために必要不可欠な情報であると考えられる。そのため、労賃についてどのように農産物原価計算に組み込むべきなのかという点は、今後も研究課題として存在しつづけるはずであり、家族経営をはじめとする零細な農業経営に過大な負担を掛けないようにしながらも、適切かつ正確な農産物原価を把握できるようにしていくことが農業会計学に求められる一つのテーマになっていくであろう。

保田順慶・珍田章生・香川文庸

注
(1) 原価計算を制度として実施するためには、財務会計機構との有機的結合と常時継続性が求められ（原価計算基準二）、随時断片的に実施する特殊原価調査は勘定組織の枠外に位置付けられる。
(2) 新沼・古澤（1982）は、酪農農業の牛乳生産の事例ではなく、採卵養鶏農業の事例を用いている。

(3) ただし、個別原価計算においても後述する分割納入制を採用している場合には、特定の製造指図書に集計された原価を、完成品原価と期末仕掛品原価に分離計算して、分割納入された分の製品原価を把握する方法は存在する。

(4) 個別原価計算は個別受注生産品を対象とするため、製品に「個性」がない。したがって、完成品総合原価を完成品量で除して、完成品単位原価を計算する必要性がない場合が多い。

(5) 分割納入制とは、個別原価計算を適用する場合に製造指図書の生産命令数量の一部が未完成であり完成したものから順次引き渡しが行われる場合に、未完成分の加工進捗を見積もって特定の製造指図書の中で完成品原価と期末仕掛品原価に分割する方法である（中山、1991、168 ～ 171 頁）。

参考文献

阿部亮耳（1974）『農業財務会計論』、明文書房

阿部亮耳（1977）「農業経営における標準原価計算」、『農業計算学研究』第 10 号

阿部亮耳（1978）「農業経営における直接原価計算」、『農業計算学研究』第 11 号

岡本清（2000）『原価計算　六訂版』、国元書房

加用信文（1973）「農業複式簿記の理論的構造」、『農村研究』第 37 号

工藤賢資（1995）「個別農業経営におけるコスト計算と簿記組織」、『北海道農業経済研究』第 4 巻・第 2 号

倉田貞（1979）『新版　複式簿記』、大明堂

櫻井通晴（1998）『新版　間接費の管理』、中央経済社

武井敦夫（2011）「営農集団における原価構造に関する一考察」、東京情報大学研究論集第 14 巻・第 2 号

田中義英（1968）『農業会計学』、明文書房

珍田章生（2014）「農業会計の会計方針に関する研究」、京都大学博士学位請求論文

戸田龍介編著（2014）『農業発展に向けた簿記の役割――農業者のモデル別分析と提言――』、中央経済社

新沼勝利（1981）「農場直接原価計算における原価の区分――経営費用論的接近――」、『農村研究』第 52 号

新沼勝利・古澤栄作（1982）「農場直接原価計算に関する実証的研究」、『東京農業大学農学集報』第 27 巻・第 1 号

古塚秀夫・髙田理（2021）『現代農業簿記会計概論』、農林統計出版

松田藤四郎（2000）「活動基準原価計算の農産物原価への適用」、松田藤四郎・稲本志良編著『農業会計の新展開』、農林統計協会

保田順慶（2017）「農業原価計算における製品別計算」、『経営学研究論集』（明治大学大学院）第 47 号

第5章

固定資産の会計

1　はじめに

　固定資産は**有形固定資産**と**無形固定資産**に大別されるが、農業経営を対象とした簿記・会計では有形固定資産が議論の中心となる。有形固定資産とは企業・経営が販売目的以外で保有し、複数の会計期間にわたって業務に活用する財のことである。

　有形固定資産の会計問題の中心は、帳簿価額の評価と**減価償却**を通じた費用の期間配分である。通常、有形固定資産を調達した時点の帳簿価額は購入代価に付随費用を加算した「**取得原価**」で評価される。そして、使用や時間の経過による有形固定資産の価値低下を見積もって帳簿価額を減額させるとともに、取得原価を耐用年数の各年度に費用（減価償却費）として分割負担させるための手続きが減価償却である（土地は除く）。

　これら一連のスタンダードな手続きは農業簿記・会計においても基本的に同様である。そこで、本章では、固定資産の帳簿上の取得価額（原価）に関する問題として、「国庫補助金を活用して取得した有形固定資産の圧縮記帳」と「大植物・大動物の評価」を取り上げるとともに、何を有形固定資産として認識すべきであるのかという根本問題にも関連している「リースの会計処理」について検討する。そして、リース資産に関する議論の中で発展してきた「使用権モ

デル」から示唆される新たな研究課題について試案を提示する。

2 補助金と圧縮記帳

（1）圧縮記帳の必要性

　生産組織や集落営農組織などが**国庫補助金**を活用して有形固定資産を取得することがしばしばある。現行の会計制度においては、国庫補助金を受理した際には「**国庫補助金受贈益**」（特別利益）として計上せねばならない。その場合の仕訳を設例で示すと次のようになる。

　1月1日：国庫補助金100万円を現金で受け取った。
　（借方）現金　100万円　　　（貸方）国庫補助金受贈益　100万円

　同1月1日：手持ちの現金100万円を加えて取得原価200万円の機械を購入した（残存価額0、耐用年数2年、減価償却は定額法とする）。
　（借方）**機械　200万円**　　　（貸方）現金　200万円

　12月30日：農産物を販売した。現金で200万円の売上であった。
　（借方）現金　200万円　　　（貸方）売上　200万円

　12月31日：決算につき減価償却を行う（間接法）。
　（借方）減価償却費　100万円　　　（貸方）減価償却累計額　100万円

　その他に費用や収益が存在しないとすると、本年度の損益は**営業利益**が100万円（売上200万円−減価償却費100万円）、金融関連の収益・費用が存在しないため**経常利益**も100万円、**税引前当期純利益**は200万円（経常利益100万円＋特別利益である国庫補助金受贈益100万円）となる。そして、次年度も同額の売上があり、他に費用が発生しないとすると、次年度の営業利益および経常利益は100万円であり、税引前当期純利益も100万円となる（特別利益が存在しないため）。

そして、このパターンでは、収益、費用と税法上の益金、損金に相違はないので、**課税所得**も 1 年目が 200 万円、2 年目が 100 万円、2 年間の総計は 300 万円である。

　以上より明らかなように、そのままでは受給した国庫補助金にも受給した会計年度に税が課されることになるので、補助金が実質的に減額化し、補助金を活用した固定資産の購入が阻害され、補助金交付の本来の目的が達成されない可能性がある（大野、2000、32 頁）。そこで、これを回避する（正確には課税を固定資産の耐用年数にわたって繰り延べて単年に集中させない）ために**圧縮記帳**という会計処理が認められている（実施は任意）。[(1)]

（2）直接減額方式と積立金方式

　圧縮記帳は、国庫補助金を活用して取得した固定資産等に対して税法上認められている処理である。ただし、その効果は実際には課税の減免ではなく、繰り延べによる一時的な軽減にすぎない。会計理論上の明確な根拠も有していないが、実務では多くの農業経営が採用している。

　圧縮記帳には**直接減額方式**と**積立金方式**の二種が存在する。

直接減額方式

　直接減額方式では、補助金を受けたと同時に国庫補助金受贈益と同額の「**固定資産圧縮損**」を費用として計上し、補助金を活用して獲得した固定資産の帳簿価額を減額化させる。取得原価 200 万円の機械を購入した後の仕訳例を示すと次のようになる。

同 1 月 1 日：圧縮記帳処理を行う。
（借方）固定資産圧縮損　100 万円　　（貸方）機械　100 万円

12 月 30 日：農産物を販売した。現金で 200 万円の売上であった。
（借方）現金　200 万円　　（貸方）売上　200 万円

12 月 31 日：決算につき減価償却を行う（間接法）。

（借方）減価償却費　50万円　　　（貸方）減価償却累計額　50万円

　機械の帳簿価額が200万円から100万円に低下しているので減価償却費も減少している。この場合、本年度の営業利益は150万円であり、経常利益も150万円（営業外収益・費用がない）、税引前当期純利益も150万円である（経常利益150万円＋国庫補助金受贈益100万円－固定資産圧縮損100万円）。そして、次年度も同額の売上があり、他に費用が発生しないとすると営業利益、経常利益、税引前当期純利益はそれぞれ150万円（売上200万円－減価償却費50万円、その他費用0）となる。直接減額方式を採用した場合も収益と益金、費用と損金に相違はないとされるので、課税対象となる金額は2年間総計では300万円であり、このことが「課税を後ろ倒ししているのみ」として批判されるゆえんである。

　積立金方式
　次に、取得原価200万円の機械を購入した後の積立金方式による圧縮記帳処理の仕訳例を示すと次のようになる。

12月30日：農産物を販売した。現金で200万円の売上であった。
（借方）現金　200万円　　　（貸方）売上　200万円

12月31日：決算につき減価償却を行う（間接法）。
（借方）減価償却費　100万円　　　（貸方）減価償却累計額　100万円

12月31日：受贈益と同額を繰越利益剰余金から控除し、圧縮積立金に振り替える。
（借方）繰越利益剰余金　100万円　　　（貸方）圧縮積立金　100万円

12月31日：圧縮積立金のうち本年度に帰属する配分額を繰越利益剰余金に再振替する。
（借方）圧縮積立金　50万円　　　（貸方）繰越利益剰余金　50万円

　当期の繰越利益剰余金は国庫補助金受贈益を含めて計算されるが、決算において圧縮積立金を設けることで同額を、いったん繰越利益剰余金から控除し、固定資産の耐用年数にわたって再度、分割して繰り入れるという処理をする。そして、次年度も年度末に圧縮積立金の残高（50 万円）を繰越利益剰余金に振り替える。繰越利益剰余金、圧縮積立金は共に**純資産勘定**なので損益には影響を及ぼさない。ゆえに、税引前当期純利益は 1 年目が「国庫補助金受贈益 100 万円 + 売上 200 万円 − 減価償却費 100 万円 = 200 万円」、2 年目が「売上 200 万円 − 減価償却費 100 万円 = 100 万円」となる。しかし、税法上は、圧縮積立金への繰越利益剰余金の振替は損金扱い、その再振り替えは益金扱いされるので、課税所得は 1 年目が「税引前当期純利益 200 万円 − 繰越利益剰余金振替額 100 万円 + 繰越利益剰余金再振替額 50 万円 = 150 万円」、2 年目が「税引前当期純利益 100 万円 + 繰越利益剰余金再振替額 50 万円 = 150 万円」となる。このように、積立金方式を採用する場合には、税引前当期純利益と課税所得に差異が生じるので、さらに**税効果会計**を実施せねばならないが、骨子は以上のとおりである。

（3）直接減額方式と積立金方式の比較

　直接減額方式は費用を補助金相当額だけ低下させ、積立金方式は補助金相当額だけ繰越利益剰余金を増加させるというイメージである。実務では、直接減額方式による圧縮記帳が広く行われているが、直接減額方式にはいくつかの問題を指摘することができる。

　直接減額方式では営業関連の費用の正確な把握が困難になり、営業利益が過大に評価されるなど経営分析面の問題も多い。さらに、営農規模や生産量水準を維持することを前提とした場合、有形固定資産の装備も概ね同程度でなければならないが、直接減額方式を採用した場合には、「同程度の固定資産を更新するための内部留保を自動的に積み立てる」という副次的な効果が得られなくなり、別途、積立金を確保するための計算処理が必要となる。

　直接減額方式はいちど固定資産の評価額を低下させれば会計処理は終了するが、積立金方式では、毎期、圧縮積立金を取り崩す必要があり、税効果会計が

必要となるなど処理が複雑である。しかし、積立金方式のほうが費用・営業利益の計測や減価償却累計額の積み立て等も適切である。直接減額方式では「特別利益として受け取った補助金」が「営業利益の増分」として把握される。一方、積立金方式では「特別利益」は「特別利益」のままである。また、貸借対照表に記載する**取得原価の総額表示**という観点からも積立金方式の方が優れている。

　なお、ここで、指摘しておかねばならないのは、農業簿記・会計の領域で圧縮記帳が語られる際には、直接減額方式しか取り上げられないことが多く、両者が取り上げられる場合でもその理論的な相違や優劣については十分には議論されていないことである。

　圧縮記帳は必ずしも十全な手法ではなく、補助金に課税することによって補助金の目的が達成されないという根本的な問題は解決されない。積立金方式を採用した場合でも結局のところ直接減額方式と同じ課税がなされる。しかし、圧縮記帳という手続きをいずれにせよ実行する（せねばならない）のなら、経営の実態を少しでも正確に写像できる手続きを採用することが望ましいといえる。

3　自己育成資産の会計

（1）自己育成資産会計の概要

　農業の場合、例えば、搾乳牛や繁殖牛、果樹のように経営内で育成することによって調達される有形固定資産が存在する。これらは通常、**自己育成資産**と呼ばれる。その会計処理について検討しよう。なお、ここでは繁殖牛を例とする。

　肉牛経営は、通常、素牛（子牛：雌）を素牛農家から購入し、その素牛を一定の育成期間をかけて成畜に育てる。素牛が成畜となり、最初の種付が行われる時点までは、この牛の会計上の管理は**長期育成家畜勘定**（長期育成仮勘定）で行われる。例えば、01 年会計年度の期首に素牛を 5 万円で購入し、同会計期間に飼料を 1 万円分給餌し、育成管理に対する労賃が 2 万円必要だった（その他の費用は発生していない）とすると、01 年会計年度期末の長期育成家畜勘定は**表5−1**の上段のような状態になる。なお、借方記載の費用のうち、素畜費以外は、当期の費用である飼料費、労務費全体から決算時に振り替えられたものである。

表 5 − 1　長期育成家畜勘定・長期使用家畜勘定の例

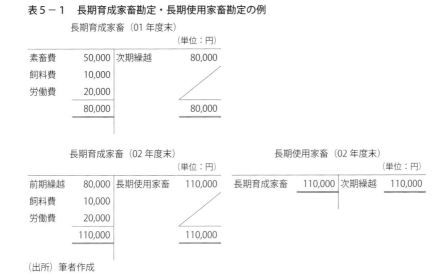

（出所）筆者作成

　そして、02 年会計年度においても同様の飼料費と労賃を要して育成が行われ、その期末に最初の種付けが行われたとすると、この牛は「育成牛」から「成牛」になり、以後は減価償却する固定資産に転化する。したがって、02 年会計年度末の長期育成家畜勘定は同表の下段のようになり、それが**長期使用家畜勘定**に振り替えられる。長期使用家畜勘定は償却性の固定資産勘定であり、03 年会計年度以降、その牛は減価償却処理がなされる。

　自己育成資産は成畜に育つまでの間は育成原価が累積され、資産価値が増加していく。ゆえに、育成家畜の餌代や飼養・管理に関わる労賃等は費用ではなく資産の増分である。以上の例示は期首と期末にターニングポイントがあることとしているが、素牛の購入や成畜への転換が期中にあったとしても処理の要領は同じである。

　問題は牛の個体数が増えた場合に生じる。月齢が異なれば必要な餌の量も異なるし、育成・管理に要する労力も異なるので、成畜と育成牛との費用配分問題は複雑になる。その結果、成畜となった固体を長期使用家畜勘定に振り替える際の評価額の把握が困難になる。自己育成資産に関わる会計処理の基本的なアイデアは明快であり、費用を振り替える必要性やその手続き、**勘定連絡**につ

表 5 − 2　牛馬・果樹等育成費用計算表の例

期間：03 年 1 月 1 日〜 03 年 12 月 31 日　　　　　　　　　　　　　　　　　（単位：円）

	素牛の取得年月	前年度繰越	当年度の素畜費等	当年度の飼料費	当年度の飼養労賃	成畜となった年月	当年度中に成畜となった個体の評価額	次年度繰越
育成牛 1	03 年 9 月		60,000	10,000	10,000			80,000
育成牛 2	02 年 5 月	135,000		60,000	60,000			255,000
育成牛 3	01 年 7 月	270,000		40,000	30,000	03 年 6 月	340,000	
合計	—	405,000	60,000	110,000	100,000	—	340,000	335,000

（出所）筆者作成

いては共通した認識が確立しているが、振り替えるべき費用の算定方法については十分には論じられておらず、議論の余地が残されている。

（2）自己育成資産の評価方法

　育成費用や成畜評価額を可能な限り正確に把握するためには、表 5 − 2 に示すような「牛馬・果樹等育成費用計算表」を活用することが推奨されている（新井、1987、105 〜 110 頁）。同表は税務上活用すべきとされている計算表であり、個体ごとに勘定を作成しているのと実質的には変わらない。ただし、牛舎の減価償却費や光熱費といった間接費はその全額が「成畜が子牛を出産（生産）するために費やされるコスト」であると暗黙裡に前提されており、この点は重要な検討課題である。繁殖牛経営の主業務は子牛の生産・出荷だから、それらメイン部門に間接費を負担させるという会計処理については一定程度、理解できる。しかし、その結果、飼養している家畜の資産価値の可能な限りの正確な評価が、何を計算対象にするのかという最初の段階からそもそも不可能となってしまうからである。

育成資産管理の簡便法

　牛馬・果樹等育成費用計算表やこれに類するフォームを活用すれば、家畜一頭ごとの評価額を一応把握することができる。しかし、日々の給餌量や飼育労働時間その他を個体別に計測・管理し、餌代や飼養労働費等を個体ごとに正確

表 5 - 3　育成費における飼料費の一定比率による計算例

	合計飼料費 ①	一定比率 ②	飼養頭数 ③	②×③ ④	飼料費の按分	備考
成牛		100%	15 頭	1500%	①×④／⑤＝ 600 万円	必要経費
生後 1 ～ 2 年	800 万円	60%	5 頭	300%	①×④／⑤＝ 120 万円	取得価額
生後 1 年未満		50%	4 頭	200%	①×④／⑤＝ 80 万円	
合計			24 頭	⑤ 2000%	800 万円	

（出所）森（2012）、47 頁より転載

に計上することは容易ではない。そこで、同表をオリジナルの形で用いるのではなく、一定の係数を活用した按分計算を行うなどの簡便法が提案されている。

　例えば、森（2012）は、牛馬等の育成費用の計上に関して、税務上、取得価額計算の原則は「購入代価又は種付費・出産費の額と育成のために要した飼料費・労務費・経費の額」だが、簡便法としては「種付費等の取得費と飼料費に限定」することができるとした上で、飼料費を**表 5-3** のように按分計算するアイデアを提示している（森、2012、46 ～ 47 頁）。

　月齢に一定の幅を持たせて区分し、各階級にウェイトを設定して費用を按分する方式は横溝（1996）でも示されている（横溝、1996、224 頁）。森も横溝も飼料費のみを計算する例を示しているが、同様のアイデアを用いれば、労賃やその他の間接費も按分可能になるだろう。この方式は厳密性と簡便性の折衷案として位置づけることができるが、そうであるがゆえに、有効性は十分には高くないともいえる。その理由は以下のとおりである。

　第一に、この種の手法が企業会計的な意味で厳密性に欠けることはいうまでもない。「牛馬・果樹等育成費用計算表」および同類の資料を活用する場合でも、何がしかの見積もりや推計計算が実施されることに違いはない。しかし、可能な限り精緻に推計する場合とそうでない場合では得られる会計情報の信憑性が異なる。

　第二に、簡便化を追求するのであるならば、より簡便な手法を採用することが可能である。横溝（1996）は酪農経営を対象としたアンケート調査から、育

成費用の計算方法として、ほとんどの経営が「育成費用は飼料費のみ、飼料費は1月・1頭当たり1万円程度の定額としている」ことを明らかにし、「現行の所得税体系の下では、育成費用の計算方法に関して、経営者にかなりの裁量の余地があることが分かる」と述べている(2)。そして、その結果を踏まえて考察を進め、「未経産牛および経産牛に関して偏りのないライフサイクルの牛群が経営内に存在する限り、育成費用の見積の多少が青色申告の所得金額に影響しない」ことをモデル分析で明らかにしている（横溝、1996、222頁）。

　横溝が示した現場の実務的な手続きは育成に要する労働対価が含まれていない等の問題はあるが、税務的にはこうした処理に大きな問題はない。また、横溝の指摘は基本的に単年度に関するものだが、複数年で考えれば、こうしたより簡便的な手続きの妥当性はさらに高まる。結局のところ、ある費用を当期の費用とするか将来において減価償却費の構成要素として費用化するかの違いに過ぎないので、単年ではなく複数年を通して考えれば——業績指標性にはもちろん問題はあるが——費用、損金の総額は同じ値なので利益ないしは課税所得も同額になるからである(3)。

　このように、簡便性を優先する経営であるならば、さらにシンプルな手法で充分である。ある期に課税すべき所得が別の時期に課税対象となることは問題かもしれないが、いずれにせよ正確さを犠牲にするのであるならば、より簡便な手法を採用することが合目的的であると判断することも可能である。

　一方、正確性を重視する経営であるならば、「牛馬・果樹等育成費用計算表」やこれに類した資料を活用した計数管理を行い、さらに育成畜への施設費等の配賦についても検討することが望ましいだろう。

（3）育成資産評価に関する検討課題

　我が国では、育成家畜・果樹の評価は**原価の凝着性**をベースとした**取得原価主義モデル**によることが原則である。一般社団法人全国農業経営コンサルタント協会・公益社団法人日本農業法人協会が公表している『農業の会計に関する指針』や各種の農業簿記・会計のテキストにもそうした手順が記載されている。

しかし、実は、我が国の企業会計基準には生物資産を対象とする個別の規定は設けられていない。そこで、取得原価主義モデルとは異なる手法である**公正価値モデル**にも触れておこう。

公正価値モデル

国際会計基準（以下、IAS）第41号「農業」では、「**果実生成型生物資産**」のうち、植物を除く動物（＝家畜）は育成畜、成畜ともに公正価値によって評価がなされる。

公正価値モデルでは、家畜の価値は「当該資産の見積販売時費用控除後の公正価値」によって直接測定される。公正価値には市場価格や再調達原価、当該資産が将来獲得すると予想される正味キャッシュ・フローの**割引現在価値**等、いくつかのパターンないしは段階が存在するが、公正価値モデルの要点は毎期、育成に要した労賃や餌代等とは無関係に育成畜、成畜の評価額を見直すことにある。こうした手続きを採用することの根拠として、林田（2006）は「育成中の家畜であれば、その容姿から能力、市場での価値に至るまで1年後には全く別の資産になっているといえるであろう。毎期、新しい資産との交換を擬制するなら公正価値で計上することは妥当な処理と考えられる」と述べている（林田、2006、79頁）。

公正価値モデルは細かな按分や振替をせずとも家畜の評価ができるという利点を有しているが、問題もある。主な問題点として例えば以下のようなものが指摘できる。

①公正価値モデルは「家畜の公正価値が信頼性をもって計測できること」を大前提としているが、個体毎に特性の異なる家畜の価値を正確に反映する市場価格等を見出すことは容易ではなく、計測結果に主観的な要素が組み込まれる恐れがある。

②公正価値モデルでは、家畜の増価額はその期の収益とされるが、これは未実現の評価損益であり、その処理については議論の余地がある。

③繁殖牛経営を例にすると、子牛生産部門と繁殖牛育成部門への費用按分というプロセスがないため、セグメント別の会計管理を行うためには、結局のところ何がしかの手続きで費用の按分を別途行う必要が生じる。

我が国では一般企業でも IAS ないしはその総体としての**国際財務報告基準**（IFRS）を採用しているものは少数である。しかも、IFRS、IAS は基本的に上場企業が対象となる会計基準である。公正価値による農産物、生物資産の評価が我が国農業において近々に要求されることはない。しかし、既述のように我が国では生物資産の評価・測定について明確な会計基準が存在しないことは事実である。その意味で、公正価値モデルも——現在の実務上の位置付けはともかく——農業会計学研究において検討に値するものだと思われる。先行研究の成果を拡充・深化させることが今後の重要な課題の一つである[4]。

　かつて、阿部は「本来、生物の価値計算をするということは、やはりそれほど簡単なことではない」と述べた（阿部、2000、203 頁）。記録計算の目的が青色申告等の基本的な税務の場合、簡便的な処理であっても問題は少ない。他方、育成資産等の適正な評価という観点に立つならば精緻な計数管理が必要となる。会計記録の精度を向上させれば、経営活動を写像する際の解像度は高まり、誤った意思決定を行うリスクを下げる効果が期待できる。しかし、家畜頭数や樹木の本数が増えれば、計数管理は複雑化し、それに要する労力やコストは増大する。

　どのような会計情報を作成・活用するのかを情報作成のコストと得られるベネフィットのバランスを見定めながら判断し、それを作成するための手法を選ぶ必要がある。生物だけでなくすべての価値計算においてネックとなるのは間接費の扱いである。労賃や餌代等は、通常、直接費と考えられているが、実際には総額を按分する形で把握する間接費としての性格が強い。そうした按分計算の困難性の解消に役立つようなツールが、昨今、様々な形で開発されている。例えば、労働者がどのエリア・部署でどれだけ作業したのかを GPS 等を活用して自動的に記録するシステム、IoT を活用した在庫管理、給餌管理システム等の開発が進むことが予想されている。また、原価計算についても伝統的な方法だけでなく、活動を基準とした **ABC** が考案され、進化している。IT 系の技術を駆使し、それらと会計とを連動させることで計算の精度は高まるものと思われる。そのための仕組み作りが必要である。

4　リース資産の会計

（1）現行の日本基準によるリース資産の会計

　ある財が資産として貸借対照表に計上されるための基本的な条件は「経営が
その財を所有している」ことである（農家の場合は世帯主名義での所有）。ところ
が、近年、資産を認識する際の基準に変化が生じており、長期間リースしてい
る財についてはそれを貸借対照表に計上するようになってきている。農業経営
においても、リースは機械等の導入に関わる初期費用を抑える新たな方式とし
て注目されている。その会計処理について検討しておこう。

リースの類型

　リース取引にも様々な形態が存在するが、現在、我が国では、「フルペイア
ウト」で「解約不能（ノンキャンセラブル）」のリース物件のみがリース資産と
して貸借対照表に計上可能である。ここで、前者は「リース期間が当該財の耐
用年数の概ね 75％以上である」か「リース料金の支払総額から維持管理費相当
額を控除した値が当該財の購入金額の概ね 90％以上である」ことを意味してい
る。要するに、「当該財が発揮する経済的便益の大部分を、当該財を購入する
のと同等の金額を支払うことでほぼ独占的に享受する状態」のことである。ま
た、後者は、リース期間中において解約が原則禁止であることを意味する。

　厳密には、この二つの要件を満たすリースのことを**ファイナンス・リース**と
いい、それ以外のリースのことを**オペレーティング・リース**という。一般に「レ
ンタル」という用語が存在するが、これは、解約可能で契約期間が短いオペレー
ティング・リースの一種と考えてよい。また、ファイナンス・リースにはリー
ス契約終了後に所有権が借手に移動する「所有権移転ファイナンス・リース」
と移転しない「所有権移転外ファイナンス・リース」があり、リース資産の評
価額の計算方法等に相違があるが、ここでは「所有権移転外ファイナンス・リー
ス」を例として解説をすすめる。

表5-4　負債と返済の内訳例　　　　　　　　　　　　　　　　　　　　（単位：万円）

	負債期首残高	支払総額	うち負債元本返金	うち支払利子	負債期末残高
1年目	1,000	231	181	50	819
2年目	819	231	190	41	629
3年目	629	231	200	31	429
4年目	429	231	210	21	220
5年目	220	231	220	11	0

（出所）筆者作成
注1：支払利息は「負債期首残高×0.05」である。
　2：「負債期末残高＝期首負債残高－負債元本返済」である。
　3：小数点以下を四捨五入しているため末尾の数字は計算結果と一致しない。

リースの会計処理例

　我が国におけるリース資産の会計処理（仕訳）を簡単な数値例を用いて示すと次のようになる。リース会計に関わる現行の日本基準はリースで獲得した固定資産は「割賦購入に類似している」ないしは「当該財の購入金額を借り入れ、それを使って財を購入した場合と類似している」という「アナロジー・アプローチ」をベースとしている。したがって、その会計処理には利子の支払いを組み込む必要がある。なお、簡略化のため、固定資産の維持管理費等は考慮しない。

　今、ある会計年度の期首に1000万円の借金（利率5％）をし、それを5年間で均等返済することを考えると、毎年の返済額は**表5-4**のようになる。

　購入価額が1000万円の機械をリースする場合もリース会社への支払いは同様である（リース期間は5年とし、それが耐用年数にほぼ等しいとする[5]）。機械をリースした時点で「リース債務」が1000万円となり、その機械はリースだが貸借対照表に計上する「リース資産」となる。その場合の仕訳は次のとおりである。

　（借方）リース資産　1000万円　　（貸方）リース債務　1000万円

　そして1年目のリース料金の支払い（現金）は次のようになる。
　（借方）　リース債務　181万円　　（貸方）現金　231万円
　　　　　　支払利子　　50万円

　一方、リース資産は使用によって価値が低下するので減価償却処理をする（定額法、かつ、残価保証額は無視した場合）。

（借方）リース資産減価償却費　200 万円　　（貸方）リース資産減価償却累計額　200 万円

　同様の処理を続けると、5 年後の期末にはリース債務は残高が 0 となり、減価償却累計額の繰越残高の総計は 1000 万円になる。そして、この時点でリース契約は終了するので、次のような仕訳を行って、リース資産を貸借対照表から**オフバランス**する。

（借方）リース資産減価償却累計額　1000 万円　　（貸方）リース資産　1000 万円

　しばしば勘違いされるのは「リース料金の支払金額」が費用と認識されることである。この場合、リース料金の支払いは負債の返済とそれに伴う利子の支払であり、機械関連のコストはあくまでもリースした資産の減価償却費となる。また、減価償却は耐用年数ではなく、リース期間で行う。当該リース機械の耐用年数が 6 年であってもリース期間が 5 年であるならば減価償却は 5 年で行わねばならない。[6]

　農業経営による有形固定資産の調達形態は多様化しつつある。個別経営に対して農機具リースを行う業者等も増加してくるだろうし、農政当局が提唱する畜産クラスター事業等でも農機具他のリース事業がその主たる構成要素の一つとして位置づけられている。リース会計は今後の農業会計学研究において重要な領域だということができる。

（2）IFRS における使用権モデルによるリースの認識

　現行の日本基準のリース認識は当該資産の耐用年数とリース期間がほぼ等しいこと、リース料金の支払額が当該資産を購入する代金とほぼ等しいことが前提となる。しかし、IFRS ではこれとは異なる基準でリース資産を認識する。その理論的根拠が「**使用権モデル**」と呼ばれるものである。IFRS への全体的なコンバージョンが実際に行われるのか、その時期がいつなのかは明確ではないし、そもそもコンバージョンが行われない可能性もある。また、コンバージョ

ンが実施されたとしてもそれが農業分野に導入されるか否かは不明である。しかし、2023年5月に我が国の企業会計基準委員会（ASBJ）が公開した公開草案第73号「リースに関する会計基準（案）」においては、リース資産を「使用権」を基準として認識する旨の方針が示されており、今後は我が国においても、リース会計に関しては使用権モデルを柱とした処理に移行していくものと思われる。

使用権モデルによるリース資産の認識とその会計処理

　リースに関するIFRSの基準（IFRS第16号）では**所有権を処分権と使用権に分割する「構成要素アプローチ」**を採用し、使用権の保有によって資産認識する使用権モデルでリース会計を組み立てている。よって、現行の日本基準でリース資産を認識するための要件であるフルペイアウトはさほど重要視されない。調達価格が概ね5000ドル以上だと判断される財を1年以上リースする場合には、使用権を保有しているとみなし、その使用権をリース資産として財政状態計算書に**オンバランス**する。

　数値例を用いてIFRS基準のリース会計の処理手順を解説しよう。毎年のリース料金が100万円、リース期間は5年、割引利子率が5%とする。IFRS基準ではリース期間がリース対象物件の経済的耐用年数に比してどの程度の長さかは問われない。この場合、借り手は当該物権をリースした時点で次のような仕訳をする。

　（借方）使用権資産　433万円　　　（貸方）リース負債　433万円

　ここで、**使用権資産**の積算根拠は以下のとおりであり、リース料金の割引現在価値を足し合わせた値として評価額が定められる。

$$\sum_{i=1}^{5} \frac{100}{(1+0.05)^i}$$

　毎年のリース料金の支払いが期末に行われると仮定すると、その支払いの実態は**表5-5**のようになる。

　この結果、1年目期末にリース料金を現金で支払った場合、その仕訳は次の

表 5 - 5　IFRS 基準によるリース処理の数値例　　　　　　　　　（単位：万円）

	リース負債期首残高	リース料金支払	うちリース負債元本返金	うち支払利子	リース負債期末残高
1 年目	433	100	78	22	355
2 年目	355	100	82	18	272
3 年目	272	100	86	14	186
4 年目	186	100	91	9	95
5 年目	95	100	95	5	0

（出所）筆者作成
注 1：支払利息は「リース負債期首残高×0.05」である。
　　2：「リース負債期末残高＝期首負債残高−負債元本返済」である。
　　3：小数点以下を四捨五入しているため末尾の数字は計算結果と一致しない。

ようになる。

（借方）　リース負債　78 万円　　（貸方）現金　100 万円

　　　　　支 払 利 子　22 万円

　また、使用権資産は期末に減価償却処理され、以下のような仕訳が行われる。
（借方）使用権資産減価償却費　86.6 万円　　（貸方）使用権資産　86.6 万円

　IFRS ではリースは「原資産を一定期間使用する権利を対価との交換により
移転する契約」として捉えられている。借り手は契約によって得た「一定期間
原資産を利用する権利（使用権）」を使用権資産として借方に計上し、それと引
き換えに負う「対価を支払う義務」を「リース負債」として貸方計上する。原
資産そのものを支配するのではなく、原資産を使用する権利を支配するので、
リース期間が原資産の経済的耐用年数よりも短くともリース契約は成立する。
使用権資産はリース期間が終了すれば消滅するのでリース期間にわたって定額
法・直接法で減価償却処理をする。[7]資産計上されるのは原資産そのものではな
いから原資産がどのようなものであれその「使用権資産」は減価償却処理を行
うことができるのである。

5　借入農地の会計処理に関する試行的検討

（1）農業経営学・農業会計学における借地の位置づけ

使用権モデルの場合、貸借対照表にオンバランス化されるのは当該資産そのものではなく、減価償却するのは「使用権の塊（ないしは束）」である。この結果、現行の日本基準ではリースの対象とはならない土地のリースという概念が成立する可能性が生じることになる（井上、2017、26頁）。

現行の日本基準におけるリース会計の処理においては、当該有形固定資産そのものが償却性資産でなければならない。したがって、**不消耗性**の土地はリース会計の対象ではない。土地は耐用年数が無限であり、減価償却しないので、リース期間終了時に借り手経営に土地が「資産」として残存し、計上されたままになってしまい、会計処理が完結しないからである。しかし、使用権モデルにおいては減価償却するのは一定期間にわたる「使用権」だから土地の使用権資産をオンバランス化することが可能になる。この点は、借入農地の新しい捉え方という意味で、農業経営学、農業会計学的に極めて興味深い。

農業経営における借地の役割

農業経営の多くが長期にわたって賃借している有形固定資産の代表例は農地である。所有農地の何倍もの面積の農地を借入れているケースは少なくないし、契約年数が10年以上の賃貸借契約もめずらしくない。また、年間の借入地代支払額も経営耕地面積が大きくなれば、数十万円から数百万円、さらにはそれ以上になることもある。

このように、我が国における土地利用型の農業経営は借入農地に依存して営農を継続しており、その対価の支払いも高額化している。そして、当たり前ではあるが留意しておかねばならないのは、現在の営農規模を維持するためには（農地の追加購入などがない場合）同額の地代を毎年継続的に支払い続けねばならないということである。借入農地は土地利用型経営の土台となっており、所有地よりもその役割は大きいともいえる。しかし、現状では、借入農地は会計的には「土地用役の購入とその対価の支払い」以上の扱いは受けていない。「支

114

払地代」や「支払小作料」が費用として記帳されるのみである。

　借地に関する先行研究の議論

　古典的な農業経営学、農業経営認識論において借入農地を農業経営の中にどのように位置づけるのかが論じられたことがあった。

　例えば、菊地（1984）は**沈下固定概念**を「生産要素泉源体が個別生産経営に沈下され、主としてその経営の生産目的のために継続的に利用される状態を意味するもの」とした上で、自己完了的独立体としての農業経営（農家）に関しては「経営体をなす土地は自作地のみではなく小作地をも含む所謂経営地であり、私経済的主観関係を離れてみる限り既に自作・小作の区別は存せず、特に小作地が自作地同様長期にわたりその生産目的に利用されている我が国の農業経営においてこれを沈下固定とみなすべきは当然である」と述べている（菊地、1984、37 頁、46 頁）。そこでは、借入農地を経営要素すなわち所有地の同等物として捉えているといっていい。また、宮﨑（1987）は**会計主体論**における企業主体理論を援用しながら農業経営体の認識方法について考究し、物的結合体を構成する経営要素に長期借入農地を組み込んでいる（宮﨑、1987、43 〜 44 頁）。

　武部（1981）は、大槻（1965）が示した、経営体を「私経済的経営体」と「技術的具体的経営体」の二概念で規定するアイデア（大槻、1965、45 〜 47 頁）について考察し、「現実の農業経営を対象とすれば「技術的具体的経営体」は、所有土地、所有家族労働力、所有資本、および長期借入資本、長期借入土地、永続的雇用労働力、それに長期借入固定資本財、の 7 種類から構成されるものとなるであろう」と述べている（武部、1981、59 〜 60 頁[8]）。

　このように、農業経営において、借入農地が営農を継続する上で欠くことのできない重要な生産手段であることは指摘されてきた。ただし、それはあくまでも「物的」、「技術的」にそうであるということであり、私経済としての農業経営を構成する要素として借入農地が明確に位置づけられたわけではもちろんないし、会計的にも借入農地が資産計上されることはなかった。

　菊地（1986）は、固定資産台帳の記帳に関して「借入小作地は自家所有でな

いから、本来はこの台帳に記入すべきでないが、経営地を明らかにするため、本欄に借入地であることを明記したうえ、所有地と区別するよう（−）をつけてその数量と価額を記入しておく」と述べている（菊地、1986、73頁）。このことは、菊地が借入農地の重要性を強く認識していたことの名残だといえるが、あくまでも物量単位の記録に過ぎず、その記録自体は会計計算からは切り離されている。

（2）借地とリース会計

　昨今、会計的な意味での資産は様々な形で定義されている。例えば、**概念フレームワーク**では資産を「過去の取引または事象の結果として、報告主体が支配している経済的資源」と定義した上で、支配を「所有権の有無にかかわらず、報告主体が経済的資源を利用し、そこから生み出される便益を享受できる状態」、経済的資源を「キャッシュの獲得に貢献する便益の源泉」と説明している。借入農地がキャッシュの獲得に寄与する資源であることは間違いない。しかし、従前は農地を借りている状態は当該農地を支配している状態とは認識されてこなかったため、当然ながら借入農地は会計的な資産として貸借対照表にオンバランスされることはなかった。

使用権モデルによる借地の資産計上に関する検討

　しかし、使用権モデルを活用すれば、借入農地に関わる何がしかの情報（使用権資産の保有状況）をオンバランス化することが可能になる[9]。「一定期間、当該借地を利用する権利」という使用権資産を計上することには次のような意義があると考えられる。

　第一は、農業経営が将来キャッシュ・フローや経済的便益を獲得するために支配している経済的資源の大きさを貨幣単位で一元的に捉えることができるようになることである。

　そして、第二は、経営を維持し続けるために今後数年にわたって支払い続けねばならない金額の残高を負債として認識できることである。

　もちろん、その評価の仕方には問題がないわけではない。例えば、「地代が

ゼロ」の農地貸借が「**使用貸借**」という名称で実際に数多く行われている。無償で借り入れている農地もキャッシュ・フローや経済的便益を獲得するために役立つ資源であることは間違いないが、地代が発生しない以上、使用権資産もリース負債も評価・オンバランス化することはできない。また、「法の枠外の農地貸借」が特定作業請負契約といった名称で行われているが、こうした借地は地代の支払いがある場合でも計上されない可能性が高い。

　貸借関係にある農地をリース会計に基づいて記帳・処理する際にはリース会計一般について述べられている様々な問題にも配慮する必要がある。

　第一に、**資産構成、負債・純資産構成**が変化する。資産総計が拡大するので、総資本利益率などの収益性指標、資本回転率などの活動性指標は悪化する。また、負債比率や自己資本比率などの安全性指標も悪化する。

　第二に、**費用構造**が変化する。借入農地に関わる取引を「土地用役の購入に対する地代の支払い」と認識するならば、毎年の地代の支払額は基本的に一定である。しかし、リース会計を活用すると、借入農地関連の費用は、使用権資産の減価償却費と支払利息に分割され、後者は初めの会計期間ほど大きな値を示すので、費用構造が変化することになる。この点はキャッシュ・フロー構造とも関連する。支払い地代は通常、営業キャッシュ・フロー扱いされるが、それが負債の返済である財務キャッシュ・フローに変化する。

　第三に、会計処理が煩雑化する。毎年の地代支払額を計上するという単純な処理・手続きから、負債の返済と利子の支払い、決算時における使用権資産の減価償却、というように処理・手続きが複雑化する。大規模経営が借り入れている農地の筆数は相当な数になり、契約期間もそれぞれ異なる。それらを別々に記録するためには膨大な作業が必要になる。

　使用権モデルを活用すれば、借入農地をオンバランス化することは理論上可能である。もちろん解決すべき問題は数多く残されているし、こうした処理が農業分野で実際に行われるようになるか否かは不明である。そもそも所有農地に関わる勘定の貸借対照表上の位置や役割についてですら懐疑的な見解が存在する（阿部、1987）。借地については言わずもがなかもしれない。しかし、今後、

農業分野でもリース会計について論じる機会は増えるであろうし、その場合には現行の日本基準だけでなく、IFRS 基準や IFRS 基準の要素を取り組んだ新しい日本基準にも当然ながら触れなければならない。そして、その理論的なベースである使用権モデルが農業経営の認識や経営要素の構成について考察したり、農業の実情にマッチした簿記・会計システムについて研究したりする際に吟味・検討すべき材料の一つとなることは間違いない。やや「奇をてらった感」があるテーマを重厚かつ伝統的な研究領域におこがましくも引き付けながら論じた意図はここにある。

6　むすび

　固定資産は経営の土台を形成するものであり、それなくして事業は成り立たない。従前、農業会計学における固定資産関連の議論は「費用の束」である固定資産の価値をどのようにして期間配分するのかという問題、すなわち減価償却に重きがおかれてきたといってよい。その結果、固定資産の評価や一歩進んだ会計処理、その理論的背景等に関し、検討・考察すべき課題が数多く残されているように思われる。本章ではその一部について紹介・整理した。今後、さらに研究を進める必要がある。

補　論⑤　使用権モデルの拡張

使用権モデルはかなり強力なツールであり、それをベースとしてリース会計は新たな展開を見せている。その一つが使用権モデルに基づき、労働力を貸借対照表にオンバランス化することに関する検討である。労働力をオンバランス化する試みは、かつて**人的資本会計**（人間資本会計）などで考究されたが、人身売買や奴隷制度との関わりが問題視されたこともあって下火になった。当時の資産の把握基準は原資産の「所有」であったから、企業ないしは経営が労働力そのものを「所有」することが問題視されたが、企業・経営が労働力の使用権を保有するという考え方に従うならば、労働力のオンバランス化もあり得ることになる。

労働力の会計的評価に関する議論

当初は派遣社員等、期限付きの雇用労働力をオンバランス化することが議論されていた。一定期間の「人間の使用権」を資産と捉え、期間内に支払わねばならない労賃の総額を「必ず支払わねばならない」という意味で負債と捉えるものであり、通常のリース物件の使用権と同じロジックである。[10] 対価の支払いをもって人間そのものを購入するのではない。

これが展開し、正規従業員（基本的には永年勤続か長期勤続）の資産価値をオンバランス化することが議論されるようになっていきている。[11] そこでは、企業の競争力の源泉を人間力に求めるというアイデアが根底にある。こうした情報は、潜在的な株主（出資者）が当該企業の実態や力量・体力などを見定めるための一つの基準となるかもしれない。

人的資本のオンバランス化は使用権モデルとは異なるアプローチからも試みられている。例えば、**コーポレート・ファイナンス**の分野でも M&A の際に算定される買収対象企業の「**のれん**」や「**ブランド価値**」の構成要素の一つとして当該企業の従業員の人的資本価値を認識しようとする動きがある。企業会計的には自己創設の「のれん」を計上することは承認されていないので、自社の「の

れん」価値やその構成要素としての人的資本価値の計測と開示については更なる理論的な検討が必要になるが、そうした研究が進んでいることは事実である。このように、人間の価値の計数的な評価やオンバランス化について一般会計やファイナンスの分野は徐々にではあるが踏み込みつつある。

　我が国では、人的資本情報の開示が 2023 年には一部の企業に義務付けられる見込みである。そこで要求されるのは、差し当たっては非財務情報であり、会計的な情報としての人的資本情報ではないが、このことが契機となって、人的資本の評価やオンバランス化が——公式の会計情報としてはともかく、少なくとも補足的な情報等としては——注目されるようになるかもしれない。そうした情報は制度的な財務情報ではないが、拡張された経営の価値・バリューを示す情報として一定の意味はあると思われる。

農業会計学における人的資本評価の意味

　人的資本の価値を会計的に把握するという試みは農業分野においてはどのように評価できるだろうか。農家においては、家族労働力は経営に擬制的に出資されたリスクキャピタルとして捉えることができる。実務的にも家族労働力が重要な経営要素であることを否定する者はいない。

　また、既述のように農事組合法人においては従事分量配当制という特殊な労働への分配方式が認められているが、その場合の労働力も対価が事前に確定しておらず、利益から事後的に分配されるという意味でリスクキャピタルだということができる。さらに、昨今では労働力を雇用する農業経営も多数存在する。

　リース会計における使用権アプローチの応用として人的資本を計測した場合、オンバランス化した人的資本の相手方（貸方）に記載されるのは負債勘定（リース負債の亜種）となる。確定給を受け取る雇用労働力についてはそうした記載方式で問題ないのかもしれないが、リスクキャピタルとしての人的資本の相手方が負債であることには疑問が残る。擬制的であるにせよ出資されたものであるならば相手方は純資産勘定とすべきだが、そうした扱いの妥当性については十分に確かめられていない。合名会社や合同会社の労務出資に関しても、評価基準や評価額が定款には記載されるが、それは貸借対照表の純資産、資本には

計上されない。使用権モデルが「リース」という貸借に限定されるツールであるならば、他の新しいツールを開発せねばならないだろう。また、リスクキャピタルとしての人的資本を使用権モデルで評価する際には、当該人的資本に支払う対価を事前に確定せねばならない。労賃があらかじめ定まっている雇用労働力については、ある程度確定した支払対価をベースとした評価が可能だが、リスクキャピタルとしての労働力が受け取る対価は残余からの分配であるため、事前には確定できない。評価のために将来の分配を現時点で固定化することは主客転倒である。詰めねばならない点は数多く残されている。

　正統的な会計の観点に立てば、労働力を評価し、オンバランス化せずとも所得計算や利益計算は十分可能であり、この種の取り組みに大きな意味はない。会計では、**貸借平均の原則**が守られる限り、どのような仕訳・計上・記帳も――それが正当か否かは別として――可能であり、様々な前提・仮定を置けば、人的資本についても何らかの数字を積算・計上することはともかくできる。ゆえに、農業分野のみならず一般企業においても、人的資本の価値を計測・評価し、オンバランス化するという試みに対し、「学者の戯れ」であり、得られる情報もフェイクにすぎないという指摘・批判が生じることは容易に想像できる。

　もちろん、こうした取り組みを安易に導入することは避けねばならないが、既存の会計情報を補完する追加情報として、労働力の会計的な評価額の役割は決して小さくないと思われる。今日、農業という産業においては人材・労働力が最も希少かつ重要な資源である。そうした資源の保有状況を会計的に表示することには何がしかの意味があるだろうし、そうした取り組みについて探求することが、農業会計学、農業経営学の理論的な研究における新たな切り口となる可能性もある。

香川文庸・保田順慶・珍田章生

注

(1) こうした理解は償却性の固定資産に関わるものであり、非償却性の固定資産を補助金で購入した場合は、課税タイミングは当該資産を売却する時点まで繰り延べられることになる。

(2) 横溝（1996）、220頁を参照。なお、酪農経営においては自経営内で種付けをし、子牛を出産させ、それを育成することが多いため「素牛費」に相当する費用は稀にしか発生しない。また、種付け費は「子牛を得るためのコスト」ではなく、「子牛を産ませた雌牛から生乳を搾るためのコスト」という性格が強いため、育成費には計上されていないのだと考えられる。

(3) 古塚・髙田（2021）、82頁において同様の指摘がなされている。なお、複数年にわたる費用や所得の総額が同じになるのは、厳密には時間価値や累進税率等を考慮しない場合にのみ成立する。

(4) IAS41号に関する先行研究としては、川原（2012）、永利・古塚（2006）、林田（2006）、松本（2018）、姚（2013a）（2013b）等がある。

(5) リース資産の評価額の算定方法には様々な種類があるが、ここでは購入金額がわかる場合を想定する。

(6) リース期間を耐用年数とするのは所有権移転外リースの場合であり、所有権移転リースであるならば、リース資産であっても耐用年数は当該固定資産の法定耐用年数を採用せねばならない。

(7) 減価償却処理の手法が定額法・直接法であるのは、使用権資産が有形でないことから特許権等の他の無形固定資産の処理手法を援用しているためだと思われる。

(8) 武部はさらに議論を進めて左側を具体財、右側をその支配関係とした「疑似的貸借対照表」なるものを作成しているが、それは左側：土地面積（ha）、右側：所有農地（ha）、長期借入農地（ha）、といった内容であり、通常の貸借対照表とは異なる。

(9) 借地の使用権資産に関して補足する。今日ではほとんど残存していないが、かつて永小作権という権利（物権）が存在した。永小作権とは「小作料を支払うことで他者の土地において耕作又は牧畜を行う権利」のことである。土地所有者との契約設定により、永小作権を入手すれば、その後は小作料を支払う限り、その農地を活用することが可能になる。永小作権を入手するための対価（永小作権の評価額）は一定期間（永小作権については通常50年以内）の農地賃貸借に関するイニシャルコストに相当すると考えてよい。永小作権は無形固定資産として貸借対照表に計上可能であったが、毎年支払う小作料（ランニングコスト）の割引現在価値をオンバランス化するというアイデアはこれまで存在しなかった。ASBJの公開草案第73号では、永小作権に相当する定期借地権についても使用権の一種であり、使用権資産の取得価額に含め、契約期間を耐用年数として減価償却する旨の方針が示されている。それに従うならば、仮に永小作権が存在する場合には、借り手は、永小作権評価額＋支払小作料の割引現在価値の合計を使用権資産として計上し、永小作権の契約期間で減価償却処理をすることになる。

(10) 加藤（2007）、第7章を参照。

(11) 人的資本の評価に関する系譜や最近の動向については、島永（2021）が詳しい。

参考文献

阿部亮耳（1987）「農用地勘定について」、『農業計算学研究』第20号

阿部亮耳（2000）「「国際会計基準」と農業会計」、松田藤四郎・稲本志良編著『農業会計の新

　　展開』、農林統計協会

新井肇（1987）『複式農業簿記――伝票会計の実務――』、全国農業会議所

井上恵介（2017）「新リース基準の実務対応（4）不動産固有の論点についての考察」、『PwC'sView』vol.8

大槻正男（1965）「農業経営概念の設定（下）――研究調査の対象として――」、『農業と経済』第 31 巻・第 1 号

大野新二（2000）「圧縮記帳による課税繰越趣旨の再吟味」、『税大論叢』第 35 号

加藤久明（2007）『現代リース会計論』、中央経済社

川原尚子（2012）「農業活動における公正価値測定の意味合い――国際会計基準（IAS）第 41 号『農業』――」、『商経学叢』第 59 巻・第 1 号

菊地泰次（1984）「農業経営学における経営体の認識と計測について」、金沢夏樹編『昭和後期農業問題論集⑮　農業経営理論 I』、農山漁村文化協会

菊地泰次（1986）『農業会計学』、明文書房

島永和幸（2021）『人的資本の会計　認識・測定・開示』、同文舘出版

武部隆（1981）「大槻農業経営学における沈下固定概念の検討」、『農業計算学研究』第 14 号

永利和裕・古塚秀夫（2006）「国際会計基準第 41 号「農業」のわが国への適用上の課題について――農産物および自己育成資産を中心として――」、『農林業問題研究』第 42 巻・第 1 号

林田浩（2006）「生物資産の測定に関する一考察――国際会計基準書第 41 号の検討を中心として――」、『共栄大学研究論集』第 4 号

古塚秀夫・髙田理（2021）『現代農業簿記会計概論』、農林統計出版

松本徹（2018）「農業に関する会計基準をめぐる国際的動向と問題点の考察」、『専修商学論集』第 106 号

宮崎猛（1987）「農業経営認識論試論」、『農業経営研究』第 25 巻・第 1 号

森剛一（2012）『青色申告から経営改善につなぐ 勘定科目別農業簿記マニュアル』、都道府県農業会議・全国農業会議所

姚小佳（2013a）「農業収益認識への公正価値モデルの応用」、『会計プログレス』第 14 号

姚小佳（2013b）「IAS41 号における生物資産の会計処理をめぐる動向――IASB 公開草案『農業：果実生成型植物』の公表を中心として――」、『商経学叢』経営学部開設 10 周年記念論文集

横溝功（1996）「家畜の評価に関する一考察――酪農部門の経産牛を対象として――」、『農業経済研究』第 67 巻・第 4 号

第6章

資金の会計

1 はじめに

　近代会計は利益の計算と管理を主たる目的として発展してきたが、今日では利益と並んで「支払手段としての資金」の管理が重要視されるようになってきた。通常、経営活動は仕入れや調達のために資金を投入し、その後販売によって資金を回収するという一連のサイクルだとみることができる。このサイクルは、営業循環と呼ばれるが、生産経営の場合、「生産」というプロセスを含むことから営業循環は長くなるのが一般的である。したがって、投入した資金を回収するまでの期間において資金ショートに陥らないようにするために必要資金を管理することが重要になる。また、今日のように信用取引が広く普及すると、売上債権と仕入債務の入出金タイミングのズレによる資金の枯渇という問題も生じる。

　農業の世界でも取引相手の多様化に伴い、信用取引が増えてきている。また、作物にもよるが、農業生産には季節性・長期性という特徴があるので、同一製品を反復的・継続的に生産している一般企業と比べて営業循環は長く、棚卸資産回転率は低い。さらに、大規模化や多角化、六次産業化などに取り組む農業経営が増えてきている。そうした取り組みは利益の増大には寄与するだろうが、事前に投入する資金や機械・施設に固定化される資金が増えるという意味では

資金管理を困難にするともいえる。あらゆる取引が JA 任せであった時代なら、経営の資金収支を「当座借越」的に JA 任せにすることも可能だったかもしれないが、今後の農業ビジネスにおいては資金管理問題を避けて通ることはできない。

本章では、資金管理に関してこれまでに開発されてきた様々なツールの特徴や有用性等について概説するとともに、農業経営において資金管理を円滑化させるための運営方針のあり方、経営体質の改善方向について論じることにする。

2 支払手段としての資金の概念

一般に、貸借対照表の貸方は「資金の調達源泉」、借方は「資金の運用形態」と呼ばれる。「資金」は「事業の元手となる金銭」を意味する用語だが、このうち「**支払手段としての資金**」をどう捉えるのか、どのような運用形態の資金を支払手段として認識するのかについてはいくつかの見解が存在する。「支払手段としての資金」は「現金として支出可能な資源」を意味するといってよいが、その可能性や現金化されるまでの期間をどう考えるのかによって支払手段としての資金は様々に規定されうる。その代表例は以下のとおりである。

支払手段としての資金の諸類型

第一は、**総資産**という捉え方である。企業・経営が支配する経済的価値の総体は総資産全体だから、究極的な支払手段は総資産だということができる。しかし、総資産のうち固定資産は現金化するまでに時間を要することが一般的であり、かつ、事業の土台となる資産であることから、遊休固定資産を除けば、それらを実際に支払手段として活用することは現実的ではない。

第二は、**流動資産**という捉え方である。定義上、流動資産は「営業循環内ないしは 1 年以内に現金化が可能な資産」だから、支払手段として利用可能な資金の大きさを一定程度表しているといえる。しかし、流動資産に含まれる棚卸資産は現金化に時間を要することが少なくない。例えば、生産資材などの棚卸資産は製品・商品ではないため、購入先を探すことが容易ではなく、また、簿

価で確実に販売できるわけではない。さらに、流動資産には前払金や未収入金が含まれるが、これらを支払手段に充当することは困難である。

なお、いわゆる**正味運転資本**（流動資産−流動負債）をもって支払手段としての資金とする見解も存在するが、これは第二の捉え方の変種だといえる[1]。流動資産は短期的に現金化が可能な資産だが、その一方で短期的に支出が確定している義務も存在する。それが流動負債である。そこで、流動資産から流動負債を差し引いた残額が、実際に支払手段として活用可能な資源の真の大きさだとするアイデアが生まれることになる。これが正味運転資本である。ただし、正味運転資本は流動資産と流動負債の差額なので、その大きさを把握することは可能だが、個別具体的な内訳を実態として捉えて管理することはできない。

第三は、**当座資産**という捉え方である。当座資産は、流動資産から棚卸資産や前払金等を控除したものであり、現金、要求払預金、売掛金、受取手形、一時所有の有価証券等から構成される。このうち、有価証券の多くは、それを帳簿価額で販売して額面通りに活用できるわけではない。また、売掛金や受取手形については未だ回収していないだけでなく、貸し倒れのリスクが一定程度あり、支払手段として確実に活用可能とはいえない。

第四は、**現金及び現金同等物**という捉え方であり、**キャッシュ・フロー計算書**がこの概念を用いている（キャッシュ・フロー計算書では、この範疇の資金を「**キャッシュ**」と称する）。ここで、現金とは、通貨そのものに要求払預金、簿記・会計上、現金扱いされる通貨代用証券を加えたものをいう。また、現金同等物とは、リスクなしに短期で換金可能な短期証券、コマーシャルペーパー等が含まれる。キャッシュ・フロー計算書がこうした限定的な範囲で支払手段を把握する理由は二つある。一つは、支払手段としての活用可能性からリスクを極力排除するためであり、もう一つは、会計方針によって数値が変化しない科目のみを把握しようとしているからである。

第五は、**現金（要求払預金等を含む）のみ**という捉え方である。最も狭い規定だが、農業経営においては、現金同等物はさほど存在しないと考えられるため、第四と第五の概念は実質的に同じ内容になるといってよい。農家が短期債券等を保有する場合、経営部門ではなく家計部門で保有することが一般的だと

考えられるし、農業法人や生産組織等が余裕資金を株式投資等に運用するケースも少ないと推察される。

　このように、換金可能性等を考慮すると支払手段としての資金の概念は多様である。ここで問題となるのは、農業経営において有効な概念はいかなるものかということである。農業経営の場合も固定資産を支払手段に転用・充当すると営農活動が継続できなくなる恐れがある。また、棚卸資産、特に農薬や肥料等の生産資材を簿価で販売することは困難であり、売掛金等には回収リスクがある。さらに、前払金や貸付金等は事実上、支払手段として活用できない。したがって、農業経営において現実的かつ実用的な規定は第四もしくは第五の概念であり、短期有価証券等がおそらく少ないであろうことを勘案すると、結局のところ第五の「現金（要求払預金等を含む）」になると考えられる。そして、そうした捉え方は、農業者の現実感覚にも合致するだろう。

　以下、本章では、支払手段としての資金を要求払預金等を含めた意味で「現金」と称し、その有高や増減を管理する方法について検討する。

3　経営分析による現金管理の検討

（1）近代会計と現金管理
　近代会計は**発生主義**をベースとして組み立てられている。これは費用・収益を会計期間に正しく配分するために必要な措置である。会計の歴史において、現金管理の優先順位は低下してきたといっていい。
　会計の主要な目的の一つは利益の計算である。利益の計算に関し、今日的には**資産負債アプローチ**が重視されているが、かつては**費用収益アプローチ**が主流であり、損益計算書の位置づけが貸借対照表よりも重いと考えられていた時期が長らく存在したことは事実である。しかし、現金管理という観点に立つと、損益計算書から得られる情報の質は低いといわざるを得ない。収益・費用として計上されている金額には現金の収入・支出という実態が直接伴っていないからである。ある期間の経営活動が最終的にどの程度の収入・支出に結びつくの

かは判断可能だが、収益・費用のうち入出金が遅れる分はどの程度であり、その入出金の時期はいつであるかについて損益計算書は何も教えてくれない。

　一方の貸借対照表は支配する財産、権利、義務を貨幣単位に変換して示した一覧表である。発生主義会計においては収益・費用と収入・支出の差額を収納する機能を果たしており、その意味で、損益計算書よりも現金管理への役立ちは大きいといえる。貸借対照表上の資産、負債、資本（純資産）は最終的には現金に転化することが予定されている。ただし、貸借対照表では、そのタイミングまでは掴むことはできない。また、貸借対照表に記載されているのは基本的に投下資本・取得原価であり換金価値ではない。よって、ある勘定科目に関する実際の収入・支出額と貸借対照表上の評価額が一致しないこともありうる。

　収入・支出ではなく収益・費用に重きを置いた今日の複式簿記の枠組みから自動的に生成される損益計算書と貸借対照表では現金を十分に管理することはできない。しかし、先人達はそうした制約の中で様々なツールを開発してきた。そのうち、現代でも活用されているものの代表例をいくつか検討する。

（2）キャッシュ・コンバージョン・サイクル（CCC）

キャッシュ・コンバージョン・サイクル（以下、CCC）は日常的な営業活動に関わる現金管理を行うための分析指標である。商品を仕入れ、その仕入債務を支払うまでの日数（期間）を仕入債務回転日数：A、仕入れた商品を販売するのに要する日数（期間）を棚卸資産回転日数：B、商品を販売した売上債権を回収するまでに要する日数（期間）を売上債権回転日数：Cとする。こうした条件でCCCは「B＋C−A」で算定される。その具体的なイメージは**図6−1**のとおりである。

　実際には、複数の製品を異なるタイミングで仕入れ、販売し、債権の回収、債務の支払いも異なるタイミングで行っているため、仕入債務回転日数、棚卸資産回転日数、売上債権回転日数、はそれぞれ次のような算式で求められる。

　　仕入債務回転日数 ＝（買掛金＋支払手形−前払金）÷ 仕入債務支払高 × 365日
　　棚卸資産回転日数 ＝（商品＋製品＋仕掛品＋原材料等）÷ 売上原価 × 365日

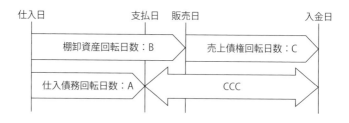

図6-1　キャッシュ・コンバージョン・サイクル（CCC）の概念図
（出所）筆者作成

$$売上債権回転日数 ＝ （売掛金＋受取手形－前受金） ÷ 売上高 × 365 日$$

　複数の製品ないしは商品が異なるタイミングで入出荷されている場合、入出金の時期も様々であるため、入金と出金に経営全体としてどの程度のタイムラグがあるのかを把握することは難しいが、CCC を活用すればそれが可能となる。当然ながら、CCC が長い場合、現金管理は難しくなり、短ければ支払い手段として手持ちで確保せねばならない現金の額は小さくなる。経営としては CCC が少しでも短くなるような事業運営、可能であるならば CCC がマイナスとなるような事業運営を目指すべきである。CCC がマイナスならば、回収した現金で支払いを行っている状況だと判断できるからである。

　CCC を短くする（さらには、マイナスにする）ためには――**図6-1**で考えれば――仕入日から入金日までの期間である**営業循環**（オペレーティング・サイクル：B＋C）を短縮しながら、仕入債務の支払いを遅らせる（A を伸ばす）必要がある。しかし、農業経営の場合、生産期間が長期にわたることが一般的であり、営業循環を短くすることは容易ではない。施設型の作物に切り替えれば営業循環は短くなるかもしれないが、その一方で、施設や機器に資金が固定化されるという別の問題が生じる可能性が高い。実際には、そうした点も勘案しながら CCC の短縮に取り組む必要がある。

　仕入及び売上は双方共に最終的には現金で決済されるので、CCC は支払手段としての現金の管理に役立つツールだといえる。ただし、日々の現金収支の動態や資金ショート（現金の枯渇）の危険性をリアルタイムで把握できるわけで

はないし、過去の状態を写像する指標であることから、将来計画に対する貢献度は必ずしも高くない。また、営業活動に対象を限定しているため、現金の変動がその他資金の調達や運用とどのような関係があるのかは判断できない。

（3）比較貸借対照表分析

　ある期間の現金の変化量とその変化の要因を把握するためにしばしば活用されるのが**比較貸借対照表分析**である。貸借対照表は、通常、借方を流動資産と固定資産に、貸方を負債と純資産（ないしは資本）に分類して把握するが、借方を現金（C）と非現金（NC）に区分しなおすことを考える。また、負債を（D）、純資産（ないしは資本）を（E）と表記することにする。

　現金を使って棚卸資産や他の資産を購入すれば現金は減少する。よって、NCの増加はCの減少要因だといえる。一方、棚卸資産を販売したり、売掛金を回収したりすれば現金は増加する。ゆえに、NCの減少はCの増加要因である。

　新しく借入金を増やしたり、増資したりすれば現金は増える。利益を獲得した場合も現金は増加する。逆に借入金を返済する等すれば現金は減少する。したがってDやEの増加はCの増加要因、減少はCの減少要因として把握することが可能である。この結果、以下の式が成立することになる。

$$\varDelta C = \varDelta D + \varDelta E - \varDelta NC$$

　一定の期間における、各科目の変化量を算定するためには二枚の貸借対照表を用意し、後の時点の数字から前の時点の数字を引けばよい。ある期の期首、期末の貸借対照表とそれらを使って作成した比較貸借対照表の例は**表6−1**のようになる。

　上述したように、Cの増加要因はNCの減少、DおよびEの増加であり、Cの減少要因はNCの増加、DおよびEの減少だから、Cの増加要因、減少要因は以下のようになる。

表6-1　比較貸借対照表の例

		期首 B/S	期末 B/S	期末－期首
借方	現金	80	85	5
	売掛金	30	60	30
	棚卸資産	60	25	▲35
	機械・施設	100	210	110
	減価償却累計額	▲30	▲50	▲20
	合計	240	330	90
貸方	買掛金	20	5	▲15
	短期借入金	20	30	10
	長期借入金	50	100	50
	資本金	150	160	10
	当期純利益	－	35	35
	合計	240	330	90

（出所）筆者作成

Ｃの増加要因：棚卸資産減少35、減価償却累計額減少（マイナスの増加）20、
　　　短期借入金増加10、長期借入金増加50、資本金増加10、当期純利益35

Ｃの減少要因：売掛金増加30、機械・施設増加110、買掛金減少15

　そして、その差額が現金の増加額5に等しい。このように、比較貸借対照表を用いると、ある期間において現金が増減した理由を分解して把握することが可能になる。比較貸借対照表分析においては、二枚の貸借対照表の数字を減算するという単純な手続きのみで有益な情報を得ることができるが、結果としてのネット金額しか把握できないこと、期中のダイナミックな動態を把握できないこと、過去の数値であることから計画・予測力は小さいこと、などは解消できていない。

4　資金四表による資金管理の検討

（1）資金四表
　資金管理には、**資金四表**と呼ばれる計算表（**資金運用表**、**資金移動表**、キャッ

シュ・フロー計算書、資金繰表）がしばしば活用される。

　我が国では、2000 年にキャッシュ・フロー計算書が導入される以前は資金運用表、資金移動表、資金繰表が主たる資金管理ツールであった。しかし、2000年以降はキャッシュ・フロー計算書が資金管理ツールの中心として位置づけられているようである。キャッシュ・フロー計算書は金融商品取引法のディスクロージャー制度の対象となる上場企業等に作成が義務付けられているが、これに該当しない企業の中にも独自に作成する企業が増えている。キャッシュ・フロー計算書は複式簿記システムから自動的に作成されるわけではないが、今日では貸借対照表や損益計算書と並ぶ第三の財務諸表として位置づけられており、特に欧米では最も重要な財務諸表として位置づけられることも多い。

　農業会計学研究においても、キャッシュ・フロー計算書の作成方法やその活用方法を解説する研究が数多くなされた[(2)]。以下、支払手段としての資金＝現金の管理に着目しながら資金四表の特徴や役割について検討する。

　資金運用表

　資金運用表は企業・経営が融資を希望する際に、金融機関から提出を求められることが多いが、それを提出する企業・経営の資金管理にとっても有益である。制度化されたものではないため、統一的な様式は存在しないが、一般的には資金の運用と調達を、**長期資金、短期資金に二区分した様式**、もしくは、**固定資金、運転資金、財務資金に三区分した様式**が用いられることが多い。いずれも比較貸借対照表に記載される各科目の増減額、損益計算書の利益、減価償却費の数値等を加工・組み替えることによって作表が行われる。

　資金運用表の例を簡略化した形で示したものが**表6−2**である。二区分表の場合は、資金の運用を短期的運用と長期的運用に調達を短期的調達と長期的調達に分けて把握し、それぞれのバランスを観察することが目的になる。そして、その良否を判断する基準は、①長期的に運用される資金は税引前当期純利益や減価償却費、長期借入金等の固定負債、自己資本で調達すべきであり、②短期的に運用される資金は流動負債等で調達されることが望ましい、③短期的に運用される資金の不足は長期的な調達で補填すべき、という考え方である。

表6−2　資金運用表の例

二区分表

	運用		調達	
長期資金	設備投資	110	税引前当期純利益	40
	運用小計	110	減価償却費	20
	長期資金の増加	10	長期借入金	50
			資本金	10
	合計	120	合計	120
短期資金	法人税等	5	短期借入金	10
	売上債権増加	30	棚卸資産減少	35
	買入債務減少	15	調達小計	45
	現金増加	5	短期資金不足	10
	合計	55	合計	55

（出所）筆者作成

三区分表

	運用		調達	
固定資金	設備投資	110	税引前当期純利益	40
	法人税等	5	減価償却費	20
			調達小計	60
			固定資金不足	55
	合計	115	合計	115
運転資金	売上債権増加	30	棚卸資産減少	35
	買入債務減少	15	調達小計	35
			運転資金不足	10
	合計	45	合計	45
財務資金	運転資金不足	10	長期借入金	50
	固定資金不足	55	短期借入金	10
	現金増加	5	資本金	10
	合計	70	合計	70

　一方、三区分表では、資金の運用と調達を固定、運転、財務に分割して把握し、そのバランスを観察する。三区分表は、①設備投資などに充当される資金は原則的に税引前当期純利益と内部留保された減価償却費で調達し、売上債権や棚卸資産の増分は仕入債務で賄うことが健全である、②固定資金、運転資金の不足分を借入金（長短を問わない）や増資等によって補填する、という考え方に立脚しており、借入金による資金調達の優先度は二区分表よりも低い。その意味で、三区分表は二区分表よりも安全性重視の性格が強いといえる。

　資金運用表を活用することで、資金の運用面の性格と調達面の性格に齟齬がないか否かが判断できる。資金の運用・調達に関する企業、経営の体質を把握することができるので、資金に関する中長期的な財政計画を練るための土台として資金運用表の役割は大きい。しかし、運用と調達に分類される各科目の増減の直接的な結びつきを追跡することはできないし、**純額法**であることから、各科目について結果としての残高しか把握できない。また、各資金のリアルタイムの収支状況も把握できない。特に、現金については、資金運用表の場合、管理の対象ではなく、管理の手段ないしは要素としての性格が強いと考えられるので、現金管理ツール、支払能力の管理ツールとしての有効性は十分に高いとはいえない。

資金移動表

　資金移動表は、発生主義をベースとした損益計算書を現金主義に修正し、さらに設備投資や財務（金融活動）に関する現金収支の情報を加えたものであり、損益計算書に比較貸借対照表の数値を組み込む形で作表される。「資金移動表は現金ベースの損益計算書」であるとしばしば言われるが、設備投資や財務に関する収支も記載されているので、厳密に言えばそれは正確な表現ではない。資金移動表は現金の増減理由を経常収支と経常外収支に分類して把握することを目的としており、後述する「直接法で作成したキャッシュ・フロー計算書」と酷似した内容を有している（上埜、2007、77 頁／青木、2012、376 ～ 380 頁）。資金移動表とキャッシュ・フロー計算書の簡略化した例を**表 6 － 3** に示す。

　資金移動表において特に重要視すべきは経常収入と経常支出の差額である**経常収支**が正値であるか否かである。経常収支が正値であれば日々の営業活動において現金が枯渇・減少することはなく、当該企業の営業活動は支払手段としての現金を生み出す力があると一応判断できる。言い換えると、日々の営業活動に必要な現金を借入金や増資といった手段で調達する必要がないことを意味する。

　このように、資金移動表によって当該企業の営業活動の安定性が判断可能である。**総額法表記**であることから、結果としての現金収支の差額ないしは残額だけでなくそれが生じた原因も一定程度把握できる。ただし、一定期間内に生じた増減の結果を示したものなので、期中で実際に資金ショート（現金不足）が生じる危険を管理する機能は備わっていない。

キャッシュ・フロー計算書

　キャッシュ・フロー計算書は現金及び現金同等物（＝キャッシュ：農業経営においては現金にほぼ一致）の収支を**営業、投資、財務**の三側面から把握しようとするものである。作表には、比較貸借対照表と損益計算書から逆算的にキャッシュ・フローを捉える「**間接法**」とキャッシュの動きを帳簿から抽出し、それを項目別に分類表記する「**直接法**」が存在する。直接法で作成したキャッシュ・フロー計算書の方が情報量は多いが、一般企業では間接法が多用されている。

| 資金移動表 | | | キャッシュ・フロー計算書 | | |

<table>
<tr><td colspan="3">資金移動表</td><td colspan="2" align="center">キャッシュ・フロー計算書</td></tr>
<tr><td colspan="3"></td><td align="center">直接法</td><td align="center">間接法</td></tr>
<tr><td colspan="3">経常収支</td><td>(1) 営業キャッシュ・フロー</td><td>(1) 営業キャッシュ・フロー</td></tr>
<tr><td colspan="3">　経常収入</td><td>営業収入　　　　　120</td><td>税引前当期純利益　　40</td></tr>
<tr><td>　　売上高</td><td>150</td><td></td><td>営業支出</td><td>買掛金減少額　　　-15</td></tr>
<tr><td>　　売上債権増加</td><td>-30</td><td>120</td><td>　仕入　　　　　　-55</td><td>売掛金増加額　　　-30</td></tr>
<tr><td colspan="3">　経常支出</td><td>　販売費・一般管理費　-10</td><td>減価償却費　　　　　20</td></tr>
<tr><td colspan="3">　　仕入支出</td><td>　支払利息　　　　　-5</td><td>棚卸資産減少費　　　35</td></tr>
<tr><td>　　　売上原価</td><td>75</td><td></td><td>　法人税等　　　　　-5</td><td>法人税等　　　　　　-5</td></tr>
<tr><td>　　　買入債務減少</td><td>15</td><td></td><td>　　　　　　　　　45</td><td>　　　　　　　　　45</td></tr>
<tr><td>　　　棚卸資産減少</td><td>-35</td><td>55</td><td></td><td></td></tr>
<tr><td colspan="3">　　営業費支出</td><td>(2) 投資キャッシュ・フロー</td><td>(2) 投資キャッシュ・フロー</td></tr>
<tr><td>　　　販売費・一般管理費</td><td>30</td><td></td><td>設備投資　　　　-110</td><td>設備投資　　　　-110</td></tr>
<tr><td>　　　減価償却費</td><td>-20</td><td>10</td><td>　　　　　　　-110</td><td>　　　　　　　-110</td></tr>
<tr><td colspan="3">　　営業外支出</td><td></td><td></td></tr>
<tr><td>　　　支払利息</td><td>5</td><td>5</td><td>(3) 財務キャッシュ・フロー</td><td>(3) 財務キャッシュ・フロー</td></tr>
<tr><td>　　経常支出計</td><td></td><td>70</td><td>短期借入金　　　　10</td><td>短期借入金　　　　10</td></tr>
<tr><td>　経常収支</td><td></td><td>50</td><td>長期借入金　　　　50</td><td>長期借入金　　　　50</td></tr>
<tr><td colspan="3"></td><td>増資　　　　　　　10</td><td>増資　　　　　　　10</td></tr>
<tr><td colspan="3">決算・設備関係等支出</td><td>　　　　　　　　70</td><td>　　　　　　　　70</td></tr>
<tr><td>　　法人税</td><td>5</td><td></td><td></td><td></td></tr>
<tr><td>　　設備投資</td><td>110</td><td>115</td><td>キャッシュ増加額　　5</td><td>キャッシュ増加額　　5</td></tr>
<tr><td colspan="3"></td><td>期首現金有高　　　80</td><td>期首現金有高　　　80</td></tr>
<tr><td colspan="3">財務収支</td><td>期末現金有高　　　85</td><td>期末現金有高　　　85</td></tr>
<tr><td>　　長期借入金増加</td><td>50</td><td></td><td></td><td></td></tr>
<tr><td>　　短期借入金増加</td><td>10</td><td></td><td colspan="2">※キャッシュ・フロー計算書で</td></tr>
<tr><td>　　資本金増加（増資）</td><td>10</td><td>70</td><td colspan="2">　は、支払利息は営業キャッ</td></tr>
<tr><td>収支差額計</td><td></td><td>5</td><td colspan="2">　シュ・フロー扱いされること</td></tr>
<tr><td>期首現金有高</td><td></td><td>80</td><td colspan="2">　が多い。</td></tr>
<tr><td>期末現金有高</td><td></td><td>85</td><td></td><td></td></tr>
</table>

（出所）筆者作成

　ちなみに、農業会計学研究の一環としてキャッシュ・フロー計算書が作成される場合、農業経営から入手した二枚の貸借対照表と損益計算書が基礎資料となるため間接法で作表されることが多いようである。

　キャッシュ・フロー計算書が重視するのは資金移動表の経常収支に相当する営業キャッシュ・フローの正負であり、営業キャッシュ・フローが正値であれば主業務でキャッシュを生み出す能力があることになる。また、キャッシュ・フロー計算書では、営業キャッシュ・フローと投資キャッシュ・フローの差額である**フリー・キャッシュ・フロー**の正負も問われる。フリー・キャッシュ・

フローは営業活動の結果生み出されたキャッシュを投資に仕向けてさらに残った残余だと理解することができるので、フリー・キャッシュ・フローが正値であるならば、それは使途が自由なキャッシュであり、借入金返済や新たな事業への投資等にキャッシュを仕向けることが可能になるからである。さらに、決算上の利益とキャッシュ・フローの差額である**アクルーアル**「会計発生高＝当期純利益－特別利益＋特別損失－営業キャッシュ・フロー」を用いた利益の質に関する分析もしばしば行われている（アクルーアルの値が小さいほど、決算上の利益が現金収入を伴う質の高い利益だと判定する）。

　既述のようにキャッシュ・フロー計算書と資金移動表は酷似していることがわかる。ゆえに、資金移動表ではなく、直接法のキャッシュ・フロー計算書が活用されるようになったことは理解できる。現実の計算表を比べれば、現金の動きを帳簿等から直接把握する後者の方が財務諸表から逆算的に捉える前者より正確な情報が得られるからである[3]。しかし、企業が資金移動表ではなく、間接法のキャッシュ・フロー計算書を選択することについては疑問が残る。両者は共に財務諸表を加工して作成され、情報量は資金移動表の方が多いように思えるからである。

　キャッシュ・フロー計算書が注目されるようになった背景には、①会計的な利益が様々な会計方針によって値がバラつくことから、企業の能力や将来性を判断する基準としての信頼性が低下し[4]、「**硬度の高い情報**」が求められるようになったこと、②支払手段の管理が今後の企業の存続にとって重要な意味を持つこと、③M&Aにおいて企業の価値をファイナンスの手法を用いて計測する際に将来キャッシュ・フローの推計値が必要となるが、キャッシュ・フロー計算書がそのベースとなる情報を提供可能であること、等がある。欧米、日本でキャッシュ・フロー計算書が制度的に開示すべき基本財務諸表に組み込まれていることから明らかなように、キャッシュ・フロー計算書の役目は第一義的には投資家や外部のステークホルダーにそれらの情報を提供することである。

　キャッシュ・フロー計算書も資金移動表と同様に、各活動が生み出すキャッシュを、その額が生じた理由と共に表示してくれるので、キャッシュ＝現金の管理に一定の役割を果たすことは間違いない。しかし、キャッシュの入出金に

関わるリアルタイムの情報が入手できるわけではないので、資金ショートの発生予測や支払能力の管理への役立ちはそれほど高くないといってよい。[(5)]

資金繰表

　二枚の貸借対照表を活用した比較貸借対照表分析やその発展形態ともいえる三つの計算表（資金運用表、資金移動表、キャッシュ・フロー計算書）に関しても、表記される数字は過去の一定期間における変化量の最終的な結果である。ゆえに、期中における資金、現金の動態は把握できないし、**資金ショート**（現金の枯渇）の危険性予測などにも活用できない。

　現在、考案されている資金管理に関わる手法の中で「計画表」としての性格を唯一有しているのは**資金繰表**である。資金ショートが発生する時期やタイミングを予測することができるので、それにあわせた現金管理や資金調達計画等も策定できる。

　資金繰表は通常、月単位、半月単位、週単位での一年計画表として作成されることが多い。現金収支のタイミングの前後を把握し、資金ショートの可能性を予測するためには単位となる期間は短い方がよい。資金繰表も制度的な計算表ではないため、定型の様式は存在しないが、その雛型（月単位表）の一例は**表6−4**のようなものである。

　開始月の前月繰越は手元の現金有高を記入し、営業収入、営業支出、設備・決算収支、財務収支については、現時点で把握できている値や想定値を記入する（開始月以降の前月繰越には前月の月末有高である翌月繰越を記入する）。この作業を会計期間である一年間の各月について実施する。その結果、最終行の翌月繰越高が負値となったならば、その月は現金が不足することになるので、財務収入（借入）等によって現金を増やす必要があることがわかる（金策を行うタイミングが事前に判断できる）。作表が済めば、月末ごとに予測と実績を比較し、順次、次月以降の数字を更新・修正していく。これにより、資金計画の妥当性が判断できるとともに、より精度の高い現金管理が可能となる。

　ただし、資金繰表においても現金の入出金の厳密なタイミングは実は考慮されていない点には留意する必要がある。翌月繰越他の数字が真に意味を持つの

表6－4　資金繰表の例

		t 月		t＋1 月	
		予測	実績	予測	実績
前月繰越					
営業収入	現金売上				
	売掛金回収				
	前受金				
	雑収入等				
営業支出	現金仕入				
	買掛金支払				
	その他費用（人件費等）支払				
	その他支出				
営業収支					
設備・決算収支	固定資産購入				
	固定資産売却				
	決算関連の支出				
	投融資支出				
	投融資回収				
設備・決算収支					
財務収支	借入金				
	借入金返済				
	増資				
財務収支					
当月収支					
翌月繰越					

（出所）筆者作成

は、収入が支出よりも月内において早いタイミングであるケースだが、現実は
そうでないことも多い。よって、計算上の数値を基準として借入金等を手当て
したとしても実際には資金ショートが起こる可能性がある。また、売上債権や
買入債務の入出金時期はある程度予測できるが、売上債権についてはその入金
が常に確実だとは断定できない。したがって、当月収支の予測は保守的な評価
をすべきである。

　また、資金繰表は今後の資金ショートの発生可能性を察知し、資金管理、現
金管理に役立てるための計算表であることから、**情報の即時性**が要求される。
資金繰表に記載する収支情報は基本的に予測値であって実績値ではない。した
がって、想定外の支出や収入（特に支出）が生じた場合には、その情報を瞬時

に資金繰表に組み込み、更新していかねばならない。その意味で、資金繰表は月末だけでなく、日常的に観察し、リアルタイムで修正すべきである。

（2）資産四表の活用方法

いわゆる資金四表の役割等について検討した。資金移動表とキャッシュ・フロー計算書はほぼ同様の計算表であり、実質的に資金三表といってもよいのかもしれない。

支払能力の確保や資金管理の文脈においてキャッシュ・フロー計算書が特に重視されたり、キャッシュ・フロー計算書が他の資金表を代替する機能を有すると評されたりすることがあるが、そうした見方は必ずしも正しくない。例えば、キャッシュ・フロー計算書には資金繰表が持つ計画表としての機能は備わっていない。ゆえに、実際の資金管理においては、資金運用表、キャッシュ・フロー計算書ないしは資金移動表、資金繰表を組み合わせねばならない。資金運用表で経営の状況・体質を把握し、今後の財政計画を構築する、キャッシュ・フロー計算書や資金移動表で現金を獲得する能力を判定する、そして、資金繰表で資金ショートが発生する危険性を察知し、それを回避するための手立てを準備する、このような一連の作業が必要である。

なお、資金計画という観点に立つ場合、年単位の資金繰表をロングタームで作成することも有効である。資金繰表は通常、短期的な計画表として位置づけられている。収支に関する予測値を多用し、入出金のタイミングもこれまでのトレンドが適用可能という前提で作表する以上、作表の対象を長期間とすると精度は確実に低下する。しかし、農業経営は短期的な視野のみではなく、事業拡大や農機具、施設の更新といった中長期的な視野も持ちながら経営活動を行っている。数年後に農機具や施設を更新するならば、それに備えた資金管理が必要であり、資金調達のために融資等の獲得計画を立てねばならない。

もちろん、数年先の現金の収支を予測することは困難だが、概算であっても数年にわたる収支を見積もった長期資金繰表を作成することには意味がある。個人が資産管理等を目的として、年収や家計費などの概算値とライフイベントごとに必要となる資金の推計値を活用して資金収支の状況を年ごとに把握する

ための**資金フロー表**や**資金の増減チャート**を作成することが増えている。これと同様の長期資金繰計画表を作成することが望ましい。そして、この長期の資金繰計画表と年々の短期資金繰表をリンクさせることで、資金不足の危険性を回避する可能性はより高まるだろう。

5　資金管理に資する農業経営の改善方向

　CCC や比較貸借対照表分析、資金四（三）表をいかに上手く活用したとしても、それだけでは不十分である。並行して、資金循環が円滑化し、現金が確保できるよう経営体質を改善していく必要がある。

　以下では、これまで各地で行ってきた事例調査等で得た知見を交えつつ、農業経営において支払手段を確保するための体質改善の方向性を提示する。

売上債権に関する方向性

　農業経営が直接販売や契約販売を行う場合、その取引は信用取引となるのが一般的であり、代金回収のタイミングは遅くなる。現金ではなく売上債権による代金決済が増加すると、現金回収が遅れ、資金循環は鈍る。売上債権による代金決済は可能なかぎり避けるべきだが、現実問題としてそれは難しい。売上債権の期日管理を徹底するとともに回収漏れを減らすこと、回収が遅れている滞留債権については債権売却（ファクタリング）の活用可能性なども検討すべきである。

買入債務に関する方向性

　生産資材の購入先がもっぱら JA であった時代には、代金支払いは農産物販売の後であったり、販売収入と相殺されたりしていた。これは実質的には買入債務による代金支払いと同じである。買入債務を活用することにより、支出を遅らせることができるので資金繰りにゆとりが生じる。JA 以外の民間企業との取引でも可能な限り買入債務を活用すべきである。ただし、買入債務を選択すると現金仕入よりも価格が高くなることもあり得る。そうしたコスト負担と

資金循環の円滑化のバランスを上手く調整する必要がある。

棚卸資産に関する方向性

　春先の生産開始前にすべての生産資材を同時購入する農業経営が少なくない。「購買業務と生産業務の分割によって事業運営の円滑化につながる」とのことだが、資金が一度に固定化・滞留することになり、問題もある（買入債務を活用した場合でも支払が一時点に集中する可能性がある）。また、資材価格が安価な時に数年分の生産資材を買い溜めて倉庫に積み上げている農業経営も存在するが、こうした行動は費用の低下には貢献しても資金循環にとっては阻害要因である。過剰な在庫保持は資金繰りの圧迫要因とみなすべきである。必要な時期に必要なだけ生産資材を購入することで支払時期を分散させることもできるし、在庫の劣化や陳腐化（不良在庫）のリスクを下げることもできる。棚卸資産を現金決済で購入した場合、それが製品化されて販売され代金回収が実現するまでにはタイムラグが生じる。そして、過剰在庫の場合にはそのラグはより長くなる。資金が固定化されることで実は資本コスト（機会費用）が発生していることを意識すべきである。

固定資産に関する方向性

　多くの農業経営には使用していないにも拘わらず格納スペースだけ占有しているような農機具や運搬機械が存在する。また、生産規模に見合わない農機具等も少なくない。余剰固定資産は売却し、少しでも資金を回収したほうがよい。そうすることで他の用途や設備に充当する資金が確保できる。なお、農機具に関しては、資金を長期に固定化する購入ではなくリース、レンタルすることやその機械を使った作業そのものの委託も検討すべきである。これにより、費用としては割高になることもあるかもしれないが、投入した資金は比較的短期間で回収できることになる。

事業展開に関する方向性

　規模拡大や新作物の導入、新技術の採用、農産加工への取り組みといった形

で事業を展開する農業経営が増えてきている。新しい事業を展開する場合、固定資産や生産資材に投入する資金が増えるので資金繰りは悪化するケースが多い。同一作物の生産規模を拡大すれば売上高が増大し、最終的な利益は拡大するだろうが、資金繰りという観点からすると、基本的には固定資産投資や生産前の資金投入が増えるので、資金繰りは難しくなると考えるべきである。新技術の採用についても同様であり、既存作物の生産に新しい技術を導入する場合、利益は増えるかもしれないが、資金循環は鈍くなることが少なくない。新作物を導入したり、農産加工事業に取り組んだりする場合も固定資産投資や投入資金の量は増えるが、既存作物とは異なるタイミングでの入金が期待できる。特に、加工された農産物は生鮮品よりも保存期間が長くなるので販売時期や入金時期は通年化し、分散していく。この点は資金繰りの観点からは望ましい。

金融活動に関する方向性

　新たな設備投資以外の理由で外部資金を調達することは本来避けるべきである。そして、設備投資も内部留保利益や減価償却累計額を活用した内部金融の活用が望ましい。減価償却累計額は保有する資産を更新する際の原資だから手を付けるべきではないというのがスタンダードな理解だが、減価償却累計額は当該資産が耐用年数に達するまでは余剰資金だといえる。内部に留保した余剰資金を活用することで追加の借入れが回避可能になる。金融活動については返済面でも留意すべき点がある。事業運営が好調で余剰資金がある場合に「負債の早期完済」を考える農業者は少なくない。しかし、計画外の性急な負債返済は手持ち資金の過剰な支出につながり、資金繰りを悪化させる。支払利息の負担は考慮せねばならないが、当初の計画から逸脱しすぎるような早期返済は避けたほうがよい。

　以上、農業経営の体質改善の方向性を示してきたが、ここでの整理から、支払手段としての資金＝現金を確保することと利益最大化は実はトレードオフの関係にあることがわかる。資金繰りを円滑化させるためには追加でコストが発生したり、コストを下げるチャンスを断念せざるを得なくなったりする一方で、

利益を追求することで資金繰りが悪くなるケースも存在するからである。実際の事業運営においては、それらのバランスを見定める必要がある。

6　むすび

　本章では、各種の資金管理ツールの役割について検討するとともに、農業経営において資金循環を円滑化させるための方策を提示した。近代会計が発生主義を柱として組み立てられていることから、「資金の会計」というジャンルはともすれば会計の本流から外れるものと見なされがちだが、今日、資金、現金を適正に管理することの必要性は高まっている。

　資金の会計、現金の管理という場合、キャッシュ・フロー計算書が特に注目されることが非常に多い。公式な財務諸表として認められていること、貸借対照表、損益計算書とは異なる新しい財務諸表であること、米国を発祥とし、世界的に活用が広まっていること、等から多くの関心・期待が集まったのであろう。

　一般会計学だけでなく農業会計学の領域でも実際に多くの研究が行われた。しかし、資金管理という目的に照らした場合、キャッシュ・フロー計算書の機能は限定的であるといわざるを得ない。もちろん、有益な情報を提供してくれる計算表であることは間違いないが、キャッシュ・フロー計算書だけですべて事足りるというわけでもない。キャッシュ・フロー計算書だけでなくその他の資金関連の計算表や経営分析指標と組み合わせながら資金管理に注力するべきである。

補　論⑥　キャッシュ・フロー情報とバリュエーション

　キャッシュ・フロー計算書は「資金管理機能」の他にも「利益よりも企業の実態を的確に反映するといわれることの多いキャッシュ・フロー情報を投資家に提供する機能」や「M&A 時に実施されるバリュエーションに必須の将来キャッシュ・フローの推算値の基礎情報を提供する機能」等も担っている。このうち、企業・経営の価値の計測＝バリュエーションについて補足しておこう。

　農業分野でも、**第三者継承**という名称の「農家子弟以外への農場の譲渡」が実際に行われるようになってきている。従前は農場の他者への譲渡などは想定の範囲外であり、現場においてもそうした意識は皆無であった。「祖先から受け継いだ農地、農場の譲渡」に拒否反応を示す農業者、関係者も依然として多い。しかし、昨今では M&A が経営継承の一手段として位置づけられている。また、農産物生産から農産物加工に展開した経営が、その加工部門のみを他者に譲渡するといった動きも今後は出現してくると思われる。さらに、営農組織の広域合併や吸収なども各地で実際に行われている。農場や経営、部門、組織等を譲渡する場合、それらの価値を査定・評価する必要がある。

バリュエーションの方法と手順

　企業・経営の価値評価手法の基本はそれらが将来生み出すキャッシュ・フローを現在価値に割り戻すバリュエーション手法である。バリュエーションの基本的なアイデアと方法・手順の一例は以下のとおりである。[7]

・貸借対照表の借方を当該経営のメインの事業に関わるものとそれ以外に分類。
・メインの事業関連の資産についてはそのポテンシャルを「**事業価値**」として再評価。
・事業に関わりのない資産（保有有価証券や遊休機械等）を時価で再評価。
・事業価値に非事業用資産を時価評価した値を加算したものが「**企業価値**」。
・企業価値から債権者価値である負債を差し引いた値が「**株主価値**」。

問題は、事業価値の計測方法である。一般的な事業価値の評価モデルは「事業価値＝当該事業が将来にわたって稼得するキャッシュ・フローの割引現在価値の合計」とするものであり、最もシンプルな場合、以下のようなものである。

n 年後に得られるキャッシュ・フローを A_1、A_2、A_3……A_n とし、各々を現在価値に割引くための割引率を r_1、r_2、r_3……r_n とする。企業は**ゴーイングコンサーン**が前提なので、n は 1 →∞ と考えると、無限年分のキャッシュ・フローの割引現在価値の合計 V は以下の式で算定される。

$$V = \sum_{i=1}^{\infty} \frac{A_i}{(1+r_i)^i}$$

ここで、A_i および r_i がともに将来において一定の値、A と r だと仮定すると上式は以下のように変形される。

$$V = \frac{A}{r}$$

A は事業の継続によって毎期同額が獲得できるキャッシュ・フローのことであり（将来の予想キャッシュ・フローを平均した値と考えてもよい）、r は将来のキャッシュ・フローを現在価値に割り引くための利子率である。なお、A は厳密には**フリー・キャッシュ・フロー**だが、それは一般的な「営業キャッシュ・フローと投資キャッシュ・フローの差額」ではなく、「営業利益×（1－実効税率）＋減価償却費－設備投資額－運転資本増加額」等で計算される「株主と債権者に帰属するフリー・キャッシュ・フロー」であることが多い。また、r は文字通りの利子率ではなく、有利子負債の利子率（負債の節税効果を加味した実質利子率）と自己資本に対する資本コスト率（リターン率）を有利子負債と自己資本の量をウェイトとして加重平均した**加重平均資本コスト**（WACC）である。ただし、農業経営の場合、自己資本に対する資本コスト率（リターン率）を確定することは困難であり、その値の決め方を考究する必要がある。

A も r も将来に関する予測値だから、計測結果の安定性には当然ながら疑問が残る。農業経営の場合も同様であり、生産量や価格の変動が大きく、作付面積や作目が変化するとキャッシュ・フローは変動する。そこで、数年分のフリー・

キャッシュ・フローの平均値を算定するなり、MAX、MIN、AVG といったいくつかのパターンで計測する必要があるだろう（この点は WACC についても同様）。その結果、フリー・キャッシュ・フローと WACC の組み合わせによって複数の事業価値が算出されるので点的な判断ではなく、多面的な判断が可能となる。

　一方、メインの事業と関連のない非事業用資産については時価で再評価をする。ただし、農業経営においては非事業用資産の存在はあまり考慮しなくとも問題ないと思われる。使用していない遊休農機具や所有耕作放棄地などがある程度なので、それらを処分価格や市場価格で評価替えすればよい。また、それらの価値はおそらく低いので無視することも可能である。

　こうして計測した事業価値に非事業用資産を再評価した値を加算したものが企業価値であり、そこから負債を控除した値が株主価値になる。株主価値はリスクキャピタル提供者である株主に帰属する価値であり、その値がリスクキャピタルの提供価額以上であれば、計測対象企業は「**のれん**」を生み出していることになる。この「**のれん**」は通常、企業のブランド価値として理解されるが、近年、それを生み出しているものの源泉として**人的資本**に着目し、その貢献部分を評価しようとする研究が行われるようになってきている。

　既述のように農業経営に関しても M&A や農場の売買は身近な話題になりつつある。また、バリュエーションによって得られる情報を買収や合併のための基礎資料とだけ捉えるのではなく、企業・経営の価値・バリューを示し、それによって資金提供を受けたり、新たなビジネスチャンスを開拓したり、取引先を確保したり、取引を有利に進めるために提示する資料（基本財務諸表に付随する参考資料）と考えるならば、その重要性は一層高まる。もちろん、不確定要素は残されているが、農業経営の事業価値や企業（経営）価値等を算定することには一定の意味がある。そのためのよりよいモデルを開発する必要がある。

　さらに、企業や経営の真の意味の価値・バリューは経済的なものだけでなく、**環境価値や社会的な価値**を含めて総合的に評価すべきという見解も広まってき

ている。それらの価値情報との組み合わせ方も重要な研究課題である。

香川文庸・保田順慶・珍田章生

注
(1) 「流動資産－流動負債」を「運転資本」と呼ぶ場合もあるが、本章では「正味運転資本」とする。
(2) 例えば、大室他（2019）、（2020）、櫻本（2001）、二川・古塚（2005）、松田他（2005）等がある。
(3) 表6-3は例示のための簡略化したものなので表記される内容や数字にほとんど差異はないが、複雑な取引が実際に行われた場合、資金移動表と直接法のキャッシュ・フロー計算書が表記する内容には若干の相違が発生する。その差は主に、資金移動表が財務諸表から作成するゆえに総額法を徹底できないことによるものである。この点については、青木（2012）、378頁等を参照。
(4) 一つの例だが、会計的利益や伝統的な財務情報と株価の関連性の低下について統計的な解析を行った研究として、レブ＆グー（2018）がある。
(5) キャッシュ・フロー計算書の機能に対する批判として、例えば、中村（1995）を参照。同論文では資金会計そのものに対する懐疑的な見解も示されている。
(6) 柳村（2022）等を参照。
(7) この他にも、「将来キャッシュ・フローの割引現在価値の合計－営業負債（売上債権等）＝事業価値」、「事業価値＋非事業用資産の時価評価額＝企業価値」、「企業価値－有利子負債＝株主価値」といったモデルも存在する。

参考文献
青木茂男（2012）『要説　経営分析〔四訂版〕』、森山書店
上埜進（2007）『管理会計〔第3版〕』、税務経理協会
大室健治・松本浩一・佐藤正衛（2019）「大規模農業法人のキャッシュフロー計算書を用いた財務リスク分析」、『関東東海北陸農業経営研究』第109号
大室健治・松本浩一・佐藤正衛（2020）「簿記データを用いた月次旬別キャッシュフロー計算書の作成手順とその活用方策」、『関東東海北陸農業経営研究』第110号
櫻本直美（2001）「農業用資金繰りシステムの開発——キャッシュフロー計算書とマトリックス会計表の適用——」、『農業情報研究』第10巻・第2号
中村忠（1995）「資金会計への挑戦」、『企業会計』第47巻・第4号
二川智恵・古塚秀夫（2005）「自計式農家経済簿に基づくキャッシュ・フロー計算書の作成方法に関する研究」、『農林業問題研究』第41巻・第1号
松田孝志・樋口昭則・仙北谷康・香川文庸（2005）「農協組合員勘定制度とキャッシュフロー会計」、『農業経営研究』第43巻・第1号
柳村俊介（2022）「農業経営継承に関する研究動向と論点——理論的見取り図の提示——」、『農業経営研究』第60巻・第1号
レブ，B. ＆ グー，F. 著、伊藤邦雄監訳（2018）『会計の再生』、中央経済社

第 **7** 章

農業会計の変容と多様化

1 はじめに

　会計は個別経営の私経済的な活動を貨幣単位で写像するツールとして生成・発展してきた。しかし、今日、会計は変容・多様化し、会計に期待される役割、会計が果たすべき機能は伝統的な経営計算の枠外にまで拡張しつつある。様々な農業問題の解決に寄与すべき方法論、分析ツールとしての役立ちを高めるためには農業会計も変化していかねばならない。

　本章では、会計情報の種類の拡張と会計情報の作成・開示に関わる動機の捉え方に射程を絞り、それら領域における農業会計の新たな展開を今後の研究課題と絡めながら整理・検討する。会計の変容・多様化のすべてを見取り図として提示することは困難であるため、部分的な議論とならざるを得ないことをあらかじめ断っておく。

2 非貨幣情報と経営管理

（1）貨幣情報と会計

　シュムペーターは「一定価値のある財の生産には三単位の「労働」と二単位の「土地」が必要とされ、他の財の生産には二単位の労働と三単位の土地が

必要とされるとすれば、経済主体はどのような選択を行うべきであろうか。二つの組合せを比較するためには、明らかに一つの基準が必要である。すなわち、一つの比例数あるいは共通の分母が必要である。われわれはそのような比例数を求める問題をペティ（Petty）の問題と呼ぶことができよう」と述べた（シュムペーター、1977、68 ～ 69頁）。

　会計はあらゆる経済取引や生産手段を「貨幣単位」で写像することにより、この問題を解決した。物質的に多様な単位で計量される異なる生産手段、生産要素の加減算を可能にする優れた計算システムだと位置づけることができる。会計の理論的な基礎構造を構成する命題＝**会計公準**は、①**企業実体の公準**、②**継続企業の公準**、③**貨幣的測定の公準**、から成る。このうち、③は、企業が取り扱う財貨が多種多様であり、項目ごとにその物理的な測定単位が異なる状況下において、企業活動の統一的な測定と報告のために各項目の共通尺度として貨幣単位を利用することを意味している。この貨幣的測定の公準は会計を成立させるのに不可欠な前提条件といわれている（桜井、2019、59頁）。しかし、今日、会計が扱うべき情報、扱うことが期待される情報は、貨幣情報以外の定量的な情報や定性的な情報へと拡大している。

貨幣情報の信頼性を補完する非貨幣情報

　非貨幣情報が会計の枠組みの中で活用されるようになってきたことの背景の一つは、伝統的な貨幣情報に対する信頼性の低下である。しばしば、貨幣情報が企業・経営の価値やポテンシャルを正しく写像していないと指摘されている。

　例えば、レブ＆グーは、①特許、ブランド、ノウハウといった無形資産が価値創造に果たす役割が高まり続けているにも拘わらず、その会計処理に問題があること（具体的には、自己創出の無形資産は資産ではなく費用として処理されること）、②会計処理の多くが経営者他の主観的な判断や見積もり、予測に依拠していること、③会計上、取引と認識されない様々な簿外事象（例えば、競合他社の新製品や新戦略、環境事故等）が企業価値に大きな影響を及ぼすこと、を明らかにしたうえで財務データの有用性の低下を指摘している（レブ＆グー、2018、110 ～ 113頁）。

　これと同様の指摘は管理会計やファイナンスの領域で数多くなされている。利益やキャッシュ・フローが様々な事象や生産資源から影響を受けている以上、それらが及ぼす影響を把握する必要がある。また、貨幣情報が企業の真の価値や将来的なポテンシャルを十分に反映できないとするならば、それらを補完する情報も併せて活用することが望ましい。会計情報の柱が貨幣単位で写像された経営活動とその成果であることに変わりはないが、会計が扱うべき、扱うことを期待される情報は貨幣情報以外にも拡張しているのである。

（2）バランストスコアカード（BSC）

　非貨幣情報を活用した会計情報の補完ツールとして押さえておくべきは、キャプランとノートンが開発した戦略マネジメントツール、業績評価手法として著名な「**バランストスコアカード（BSC）**」である。伊藤（2016）は「財務的な業績だけでなく、当該業績には未だ反映されないものの、将来そこにつながるプロセスに関する定量的な情報へのニーズが組織の内外で顕著となってきたことも忘れてはならない。そうした情報の多くは非財務情報であることから、企業は財務・非財務両情報の因果連鎖を意識した経営を迫られるようになってきた。そして、こうしたグローバル経営に必要な諸条件を統合し、これを具現化するモデルがほかならぬ BSC であった」と述べている（伊藤、2016、37 頁）。

BSC の概要

　BSC では、企業・経営のビジョンを実現するために、①**財務**、②**顧客**、③**業務プロセス（内部プロセス）**、④**学習と成長**、という 4 つの視点の因果連鎖を戦略マップとして明示するとともに、そうした因果連鎖を通してビジョンを実現するために各視点において達成すべき戦略目標とその具体的な**成果尺度**を設定する。そして、各成果尺度の達成状況やそれらのバランスを観察・検証するとともに、想定した因果連鎖が上手く機能しているか否かを確認することで企業・経営の将来展望や事業運営上の改善点の把握等が可能になるのである。ここで、②、③、④の成果尺度はそれぞれに対して複数個設定されるが、それらは貨幣的なものばかりではなく、顧客数、顧客満足度、苦情件数、従業員の満

足度、技能講習会の回数、専門知識を有する従業員比率、離職率といった貨幣以外の尺度が大半である。

　なお、一般企業では多くの場合、戦略マップは①を最上位とし、②、③、④がそれに続く階層性を有したものとして作成される（上埜、2007、218 頁／小林他、2017、36 頁／ジャンバルボ、2022、375 頁）。すなわち、財務的な目標は顧客に製品やサービスを提供することによって達成できることから、顧客の視点が財務の視点に影響を及ぼす。顧客の拡大や顧客満足の向上には業務活動の改善が必要だから、業務プロセスの視点が顧客の視点に影響する。そして、業務プロセスを改善するためには従業員のスキル開発や情報・技術システムの開発、組織変革等が必要となるので、学習と成長の視点がその下支えとなる。こうして、貨幣的な情報、利益等の稼得成果やその他の財務指標がそれ以外の様々な要素や事象とどのような関連にあるのかを分析することが可能となるのである。

農業分野における BSC の先行研究

　BSC は従前の経営分析、財務諸表分析を柱とした管理・計画よりも進んだ分析や将来展望が可能となる有益なツールであり、農業分野においてもいくつか研究が行われている。

　門間（2011）は、農業経営のビジネスモデルの特徴を BSC の枠組みを活用しながら経営の発展段階別に明らかにしている。「人材確保・育成の視点」、「業務プロセスの視点」、「顧客の視点」、「財務の視点」それぞれに関し、出発期、離陸期、発展期・安定期の農業経営がそれぞれどのような取り組みを行っているのかを事例調査から示しているが、戦略マップの提示がなく、各視点の連鎖についても十分に論じられていない。

　小野（2012）は、企業が農業参入する際の戦略策定に対し、BSC が有効であることを示した。そして、自然、歴史、生活文化といった地域が保有する価値が農業生産に寄与することに着目し、農業独自の視点として「**地域資源の視点**」を加えることを提唱している。農業経営は地域の中で地域と連携しながら営農活動を実践しているので地域資源は農業経営の活動に重要な影響を及ぼす要因の一つである。農業経営における BSC を考える上で示唆に富む指摘だといえる。

なお、小野が示す戦略マップは一般企業と同じ階層性を有しており、地域資源の視点のポジションは業務プロセスと人的資源（学習と成長に相当）の間の一部分とされている。

　高橋・久保（2017）は、実際に BSC を実践している集落営農法人の事例分析から、経営理念を具体的な戦略や目標に落とし込むプロセスにおいて BSC の活用が効果的であったこと、BSC を導入することで多角的な戦略、目標の管理と効率的な目標達成が可能となったことを示している。なお、同事例が導入している BSC においては「地域」が第 5 の視点として実際に組み込まれている。また、地域の農地を守ることが主眼とされていることから戦略マップは地域を最上位とし、財務、顧客、業務、人材がそれに続く階層構造となっている。

農業経営における BSC 導入の留意点

　BSC は有効な分析ツールだが、農業経営への適用には問題も残されている。BSC は一般企業を対象として生み出されたものであり、基本的には財務の視点を最上位に据えている。ゆえに、利益獲得を主目的とする農業経営にとっては企業と同様の BSC が有効であろう。しかし、例えば、集落営農組織の中には営利ではなく、集落の維持や地域の保全を第一義とするものも多数存在する。そうした組織では財務とは異なる視点を主目的とした BSC を考えねばならない。財務の視点を最上位とした階層構造を有する戦略マップの因果連鎖は明快だが、それと同程度の論理性を有する因果連鎖・階層構造を他の視点を最上位として組み立てることは、最終的な成果が利益のような一本の指標では計量できないこともあいまって簡単ではないと思われる。自治体や非営利組織を対象とした BSC 導入に関する先行研究においていくつかの試みが提示されている[1]。それらを参考にしながら適切な方式を開発する必要がある。

　また、BSC に組み込むべき視点についても再考する必要がある。地域資源や環境も重要な要素だが、それ以外にも組み込むべき視点はあるかもしれない。新しい視点を組み込んだ場合、その成果尺度にも工夫が必要である。集落やムラ、地域、環境等に関わる情報の中には数値化できないものが少なくないので、それらに関わる視点を BSC に組み込み、成果尺度を設定したとしても、その

達成状況を客観的に判定することは難しいかもしれない。

　そもそも、集落や環境等に関わる何がしかの成果は個別経営や組織、集落等の自助努力のみでは達成できないともいえる。その場合、ある成果尺度を設定したとしても、個別経営・組織や集落等による個々の取り組みの程度と成果の達成度合いがリンクせず、それが成果尺度としての意味を為さないこともありうる。何を成果尺度として設定し、何をもって成果が得られたと判断するのかを慎重に吟味しなければならない。さらに、各視点の因果連鎖や階層性をどのように設定するのかについても十分に検討せねばならない。今後の大きな課題だといえよう。

3　ESGと農業会計

（1）ESGの概念と系譜

　BSCは経営戦略、経営管理の色彩が強いツールであり、新しい管理会計手法として捉えられるが、非貨幣情報と会計の関連はそれとは異なる視角からも注目されている。近年、**ESG投資**、**ESG経営**という言葉が耳目を集めるようになってきている。

ESGの概念

　ESGとは、**環境**（Environment）、**社会**（Social）、**ガバナンス**（Governance）の頭文字の組合せである。ESGが注目されるようになった背景は、企業が今後長期的に成長していくためには、社会問題や環境問題に「事業として」積極的に取り組み、**法令遵守**（コンプライアンス）や情報開示、ステークホルダーとの対話等に関わる**企業統治**（ガバナンス）を適切に行う必要があるという認識が一般化したことである。投資家がESGに取り組んでいる企業をフィルタリングし、そこに投資することをESG投資と呼ぶが、そうした風潮の広まりは、企業がESG関連の取り組みを実施することの後押しとなる。そして、企業は、むしろ戦略的にESGに取り組み、関連する情報を作成開示することで新たな出資を募りビジネスチャンスを獲得しようとする。

ESG に取り組む企業のことを ESG 経営、ESG 経営が作成・開示する情報を **ESG 情報**と呼ぶ。それら情報は当然ながら貨幣的なものだけでなく、環境問題に関連した物量情報（例えば CO_2 排出量や廃棄物発生量等）や社会貢献、企業統治に関する記述的な情報も含まれる。

ESG の系譜

実は、ESG 情報に類似した情報はこれまでにも開示されており、そうした情報開示は会計学の研究領域として捉えられていた[2]。

我が国においては、1960 年代後半から 70 年代にかけて公害問題や独占、買占めといった企業活動の諸矛盾が表面化しだし、社会に対する企業活動の影響把握が試みられるようになった。そして、これを受けて「社会責任会計」や「企業社会会計」といった研究領域が誕生し、「企業活動が社会に及ぼした正負の影響である社会的ベネフィットと社会的コスト、その差額である社会的利益をどのようにして計数的に捉えるか」が議論された。

この種の議論や研究は 1980 年代に入り、世界的に市場競争原理・利益追求がクローズアップされるにしたがい一時沈静化する。しかし、その後、資源の有限性や地球環境問題への関心の高まり等を受けて、企業活動と環境問題の関連や環境問題全般を会計の枠組みで捉えることを目的とした「**環境会計**」が発達し、多くの企業が環境関連の報告書を発行するようになる。さらに、企業犯罪や企業による不正行為の発覚を受けて、企業行動のモラルや倫理、コンプライアンス、内部統制といった局面が注目されるようになった。この結果、企業の社会活動、環境活動等に関する議論は上述してきた諸問題を発展的に吸収した CSR（Corporate Social Responsibility：企業の社会的責任）問題に転化し、多くの企業がこれらに関する情報開示を財務諸表とは別立ての「**CSR 報告書**」等の形態で行うようになった。そして、それら報告書に記載する情報を作成するためのツールとして、企業を「経済パフォーマンス」、「環境パフォーマンス」、「社会的パフォーマンス」の三側面から評価しようとする「**CSR 会計**」や「**トリプルボトムライン**」に関する研究が活発に行われた。

CSR は企業がコストと時間、労力を費やして「社会的に望ましいこと」を行う、という意味合いが強く、企業本来の利益とそうした活動はトレードオフの関係として見られがちであった。⁽³⁾これに対し、2011 年にポーターが提唱した CSV（Creating Shared Value：共通価値の創造）は事業として社会的な価値と経済的な価値（利益）の向上を両立させようとするものであり、「社会問題・課題解決のビジネス化」ともいわれる考え方である。CSV は事業展開によって社会的価値を戦略的に生み出すことを通して競争的優位を確保しようとするものであり、CSR とは理念が異なる。

　ESG は CSV の延長線上にある概念・考え方だといえるが、ESG が注目されるようになった理由としては 2015 年に国連で採択された SDGs（持続可能な開発目標）の影響も大きい。持続可能社会において企業が社会的な価値を生み出すためには企業そのものが持続的に存立・発展せねばならない。そして、そのためには社会的価値を生み出すことが企業の利益につながるような仕組みを工夫する必要があり、そうした企業こそが長期的に発展することが可能になるというロジックである。そして、そこでは、非財務情報が「**持続的な企業の成長力の源泉を示す情報**」と捉えられている。

（2）ESG 情報と農業会計
　ESG については「環境への配慮をうたうだけの**グリーンウォッシュ**（見せかけのエコ）」といった批判が存在するし、その背景である SDGs に対しても「**大衆のアヘン**」としてその意義を疑問視する見解が存在する（斎藤、2020、4 頁）。ここでは、その問題には深く立ち入らないが、企業が非貨幣情報を作成・開示することが望まれており、企業自体も積極的にそうした情報を作成・開示しようとしていること、関連する研究が会計学領域において試みられていることは事実である。

農業経営と ESG 活動
　それでは、この問題に農業会計はどのように取り組むべきであろうか。かつ

て、農業会計の領域においても環境会計や CSR 会計に関する研究が積極的に行われていたが[(4)]、近年ではそうした動きは停滞しており、実務での取り組みも遅れている。

　農業分野で環境会計や CSR 会計に関する研究が行われていた時期には、農業経営が社会や環境等に関わる情報を作成・開示するインセンティブとなるような要因が増大すると期待されていたが、実際にはそうはならなかった。当時、SRI（Socially Responsible Investment：社会的責任投資）が話題となったが、一般企業においてすら今日ほど十分な拡がりはみせていなかったし、そうした観点から農業経営に対して出資しようとする者は稀な存在であった。また、環境活動や社会貢献活動に積極的な農業経営に対して、政策的に補助や支援を行う仕組みも十分には整備されなかった。資金面以外でもそうした取り組みを行い、関連情報を作成・開示することのメリットは限定的だった。何がしかの認証を受けることはできたが、それが需要拡大等につながるケースは一部の有機農産物等を除けば少なかったといってよい。通常の簿記すら先進的な農業経営以外では記帳されていない。農業経営がベネフィットよりもコストの方が大きい追加のタスクに積極的に取り組んでこなかったことはある意味当然である。

　現在でも、農業経営が ESG 活動に積極的に取り組むような社会情勢にあるとは必ずしも言えないが、状況が変化する兆しは生じつつある。「**みどりの食料システム戦略**」はこれまで以上に環境保全や持続可能性を意識した内容になっており、新しく制定される基本法でもその路線は継承されるだろう。その場合、政策的な支援の条件として ESG に関連した行動の実施と関連情報の作成・開示が求められるようになるかもしれない。

　実務的にもそうした動きは存在する。例えば、2021 年に開催された東京オリンピック・パラリンピックでは選手村で使用する農産物の調達基準として GAP（Good Agricultural Practices：農業生産工程管理）認証が採用された。地域の活性化や雇用なども含む人や社会・環境に配慮した消費行動である「**倫理的消費＝エシカル消費**」の拡がりがそうした動きを一層加速させるだろう。人権ガイドラインで原材料の供給者にも人権規範の遵守を求める企業も存在しており、食品加工会社が農業者にそれを求めるようになる可能性もある。また、一般企業

では、**カーボンアカウンティング**（炭素会計：企業の活動が温室効果ガスの排出・削減にどの程度関与したのかを算定・集計する取り組み）が導入されつつあり、**グリーンボンド**（企業等が環境活動他のグリーンプロジェクトに要する資金を調達するために発行する債権）の発行も検討されている。農業分野では、カーボンアカウンティングやグリーンボンドに直接関係するような目立った取り組みは現在のところ確認できないが、それに準じた動きは生じつつある。例えば、省エネルギー設備の導入や再生可能エネルギーの利用による温室効果ガスの排出削減量等を「クレジット」として国が認証する制度＝**J−クレジット**を活用して収益を獲得する農業経営が出現してきている。さらに、SNSやクラウドファンディング等を活用して持続可能型・環境保全型の営農情報を発信し、資金調達や農産物の直接販売につなげる経営も出現してきている。

ESG 情報の規格化・定型化

このように、環境保全や社会貢献に関わる活動がビジネスチャンスに転化するケースが増えてきている。農業経営がこの種の活動に取り組む際には、これらの活動を実際かつ適切に実施していることを証明するための資料・情報を作成・開示することの重要性が高まる。問題はそうした情報の内容や表示に関する統一的な雛型や指針が存在しないことである。何がしかの申請や証明に非貨幣情報が活用される場合、申請や証明ごとに異なる様式や内容の書類を作成せねばならない。また、農業経営が自発的に非貨幣情報の発信を行う場合、個々の経営が独自基準で情報を作成しているのが現状である。

貨幣情報には簿記という統一様式が存在し、どのような場面であっても簿記情報を共通して活用することができる。非貨幣情報に関しても——それらを広く普及させるという観点からも——**規格化・定型化**が望ましい。農業会計領域においてこの種の研究が期待されているといえる。

農業経営の活動を様々な角度から捉え、それぞれに適した指標や尺度、表現で情報化した場合、それらを総合した農業経営の評価をどのように行うのかも問題になる。数値情報はその値を基準にスコア化、文章で記述された情報は情

報自体の有無やキーワードの有無によってスコア化し、それらを合算することで企業を総合的に評価することが試みられている。また、ESG の取り組み状況について AI を活用して評価するベンチャー企業等も生まれている。それらの成果を活用しながらこの問題に取り組む必要がある。

4　コミュニケーションツールとしての農業会計

（1）会計動機とコミュニケーション

　一般に、会計を実践することの動機は財務会計、税務会計、管理会計でそれぞれ異なるとされている。財務会計の第一の動機は**アカウンタビリティ**であり、その訳語が説明責任であることから明らかなように義務という意味合いが強い。また、税務会計は**納税に伴う義務**であり、管理会計の場合は**コストマネジメント**や経営管理のための自発的な動機であるとされている。財務会計、税務会計は法的な規制に基づくものだが、管理会計はそうではない。このように、会計を実践する動機は会計の種類によって異なるが、それを統一的に解釈しようとする試みがある。それが**会計コミュニケーション論**である。以下、会計コミュニケーション論の中身を概観し、その観点から農業会計の動機について再考してみよう。

　企業による会計情報の作成と開示をコミュニケーション理論を使って解説した研究の嚆矢といえる若杉（1999）は、コミュニケーションが成立するためには次の 5 つの構成要素が必要だとしている。①コミュニケーションを行う目的・理由を持った個人や集団である「**発信体**（情報を作成して相手に送る主体）」と「**受信体**（情報を受け取り利用する主体）」。②発信体が受信体に伝える「**情報**」。③発信体の意思や目的を記号や言語に変換する「**記号化体**」。④情報を運搬する媒体としての「**チャネル**」。⑤受信体が受け入れた情報を解読し、加工する「**記号解読体**」。

　そして、以上の構成要素によって、コミュニケーションは次のようなプロセスで進むとされている。 a ）発信体が観念や意思等を受信体に伝える必要性を認識し、記号化体にその意思や目的を伝えて情報に変換させる。 b ）情報は発

信体の選択したチャネルを通じて受信体に伝達される。ｃ）受信体は受け取った情報を記号解読体に解読させる。ｄ）解読され、受信体に理解可能となった情報は受信体に戻され、受信体の意思決定に利用される（若杉、1999、2〜4頁）。

　例えば、財務会計情報の作成と開示でいえば、発信体は企業経営者、受信体の代表例は株主、記号化体は企業の会計担当者である。そして、企業から会計情報に変換された企業の運営実態が株主に伝達される。その際のチャネルは紙媒体の報告書であったり、新聞広告であったり、インターネットであったりする。なお、株主は自らが記号解読体になる場合もあるが、多くは、証券アナリストや証券会社、経済雑誌といった外部の記号解読体に会計情報を解読させ、それを意思決定に使うと考えられる（若杉、1999、3〜4頁）。

（２）コミュニケーションにおける発信体の意図

　コミュニケーションの一連の行動は、発信体が情報を作成して受信体に伝達しようとする意図と密接な関連がある。発信体は情報を作成する前に何らかの目的を持っており、これを実現するために情報作成を行い、受信体に伝えるのである。発信体は情報を受け取った受信体の行動を通じて自己の意思や目的を実現するのであり、発信体は情報提供を通じて受信体の行動を制御しようとしていると考えられる[5]。受信体が発信体から受け入れた情報を用いて意思決定を行い、行動に移すことを「応答」というが、以上を踏まえれば、発信体は自らが望む応答を受信体に行わせるために情報を伝達するとみることができる。つまり、コミュニケーション論に立脚すれば、会計情報を作成・開示するのは、情報を伝達した相手に送り手にとって意義ある行為を実施させるためであり、このことが会計情報を作成・開示する論拠だといえる。

会計の動機と意図

　以上で示した会計コミュニケーション論の道具立てを用いて、財務会計、税務会計、管理会計それぞれの動機について再考してみよう。

　財務会計の場合、主たる受信体には株主と株主以外の**ステークホルダー**が存在する。現在の株主が受信体である場合、経営者が情報開示を行う意図は株主

に自らの受託責任を解除させることであることはいうまでもない。また、株主以外のステークホルダーに財務会計情報を開示する場合でも、それが特定の金融機関や取引先であるならばその意図は明確である。例えば、金融機関が受信体であるならば、情報を開示することで当該金融機関に自社へ融資させることが基本的な目的である。また、取引先に財務情報を開示する場合には、その取引先に自社との取引を開始・継続させることが狙いであろう。

　ところが、財務会計情報は実際には現行の株主や特定のステークホルダー以外の不特定多数にも開示されている。社会の不特定多数に対する情報開示は、自社の財務状況や収益構造が健全であることを提示することによって、自社株への購買意欲を強めて株価を上昇させたり、潜在的な出資者から新たな出資を募ることや潜在的な取引相手を実際の取引相手に転身させたりすることなどが目的だといえる。不特定多数の社会一般に対して情報を開示しても、そのすべてに情報が届くわけではなく、情報の受信体すべてが企業の望む応答を実際に行うわけではない。しかし、上場企業に代表されるような巨大企業の場合、その企業が開示する情報に興味を持つ経済主体は相当な数になると思われる。したがって、企業が開示した財務情報は、社会を構成するすべての経済主体に届くわけではないが、相当数の受信体に受信されることは間違いない。そして、企業の財務に関する情報を受信した個々の受信体が、実際に企業が望む行動を実施する確率が小さいとしても、母数が大きいことから、そうした行動を実施する経済主体の絶対数はある程度大きくなると考えられる。企業は、社会を構成するすべての経済主体ではないが、そのうちの一定数の行動を制御することを目的として不特定多数に対して情報開示を行っているとみることができる。不特定多数の社会一般に情報を開示する場合にも、コミュニケーション論に立脚した情報開示の基本論拠は共通しているといえる。

　財務会計と同様、その動機が「義務」だと考えられる税務会計の場合はよりシンプルであり、受信体は税務に関わる行政主体のみである。そこでの意図は、そうした行政主体に「自企業が適正な課税所得計算を行っており、そこから算定される納税金額が妥当であること」を承認させることにある。

　管理会計の場合は企業・経営内部で二方向のコミュニケーションが考えら

れる。一つは、経営者が発信体となって各部門の担当者に会計情報を提示することで、受信体たる担当者に一層のコストコントロールや原価低減、販売促進、各種マーケティングといった応答を実行させようとするものである。もう一つは、部門担当者が発信体となって会計情報を経営者に提示し、自らの業務遂行の適正性を受信体たる経営者に認めさせるというコミュニケーションである。

　このように、法的な規制・義務の有無にかかわらず、企業が会計情報を作成・開示することの動機の根底には「情報を伝達した相手を**コントロール**する」という意図が存在する。昨今、開示が進みつつある ESG 情報に関しても同様である。ESG 情報の作成と開示は現状、法的な要請に基づくものではないが、企業は積極的にそうした情報の作成と開示に取り組もうとしている。その意図は、コミュニケーション論に立脚すれば、自社が ESG に配慮した企業であることを現在の株主や他のステークホルダー、潜在的なステークホルダー、社会全体に認識させること、そのことを通じて出資や取引を継続させたり、新たな出資や取引を行わせたり、消費者に自社の製品の購入を促したりすること——そうした応答をとらせるようにコントロールすること——である。
　なお、環境活動や社会貢献活動に関しては、その行動自体や関連情報の作成・開示の動機を「**経営倫理**」とする見解（國部、2017、國部他、2019）や「**社会的アカウンタビリティ**」、「**間接的アカウンタビリティ**」、「**企業の正統性**」等とする見解が存在する[(6)]。ここでは割愛するが、そうした視角とコミュニケーション論との関連も興味深い今後の研究課題である。

（3）農業会計の動機と意図

　農業経営が会計行為を実践することの意図・動機も基本的には同様である。税務会計に関しては、企業一般とまったく同じ論理が作用している。管理会計については、かつての農家の場合、家父長的な意思決定が基本であったため、管理会計情報を作成したとしても発信体と受信体が同一人物であることから、情報伝達による行動制御と応答は上手く機能しないケースが多かった。しかし、昨今では労働者を雇用する農業経営や経営内をいくつかの部門に分け、部門担

当者を配置するような経営も増加してきているし、経営内の意思決定もいわゆるワンマンではなく、パートナーシップなどの形態も含め複数人の意見交換による合議制が採用されるケースが散見されるようになってきている。法人や生産組織の場合、そうした傾向は一層強い。したがって、農業経営における管理会計についても情報の作成・開示とコントロールという関係が成立する。

　財務会計についても、農家の場合、外部からの出資が稀であったため、アカウンタビリティや法的規制に基づく情報作成・開示は必要ではなかったし、取引相手が事実上 JA のみであったことから新たな取引相手を確保するための情報開示も積極的には行われてこなかった。しかし、生産組織やその他の法人経営においては構成員からの法的な出資が行われており、経営外部からの出資も今後は増加する可能性がある。実際、農外参入企業の多くは、母体企業が農業法人に出資する形態を採用している。また、生産資材購入、農産物販売とも取引先は多様化しており、新たな取引を成立させるための条件として財務資料を開示するケースは増えていくだろう。各種の補助金等を申請する際にも財務情報は必要であり、その場合には行政をコントロールするために情報を作成・開示することになる。

　農業経営は社会的には小さな存在である。ゆえに、不特定多数への情報開示によって潜在的な取引相手を多数コントロールすることに大きな期待はできないが、近年では**クラウドファンディング**等によって面識のない者から資金を調達することや、SNS やインターネットを媒介として取引相手を開拓する可能性も高まっている。その際、自社の健全性を示す資料として財務情報の役立ちは大きい。そうした新たなビジネスチャンスを獲得するためにも情報の作成と開示が必要である。

　ESG に関連した社会面、環境面に関わる情報についても同様である。農業経営がそうした情報を作成・開示することで、行政組織から様々な支援を受けることができるようになると共に、ステークホルダー、潜在的なステークホルダーに働きかけることによって、新たな取引関係を結ぶことができるようになるかもしれない。

従前、農業の世界においては、会計情報の作成と開示は積極的には取り組まれてこなかった。コストマネジメントや経営管理のために本格的な管理会計に取り組もうとする経営は少なく、他者からの出資がないため、アカウンタビリティに基づく財務会計も必要ない。納税のために税務会計を「義務」として行う経営も決して多くはなかった。多くの農業経営にとって会計行為は「避けたい作業、意義を見いだせない作業」であったといってよい。「会計を実践しても儲かるわけではない」といった声は今でも少なくない。しかし、会計を**コミュニケーションツール**、他者をコントロールし自己の経営にとって有利な状況を作り出す手段として捉えるならば、法的な規制や義務とは関係なく、会計を実践することのモチベーションは高まるものと思われる。こうした角度から農業経営の情報作成・開示のあり方について研究する必要がある。

5　むすび

　本章では、農業会計の新たな展開について、いくつかの概要を整理した。もちろん、ここで示したもの以外にも様々な展開はありうる。例えば、会計が対象とする経済主体、経済単位の範囲は伝統的には一つの経営や企業、組織だったが、今後は、個別の経済主体・単位以外の会計について考究することが――従前もそうした試みは一部でなされていたが――これまで以上に要求されるようになるかもしれない。農業会計の領域は拡張し、その役割はさらに重くなりつつあるといってよい。

　精緻な計算構造を有する複式簿記を中心とした会計は様々な問題に対して貢献可能である。そして、今日的な会計のトレンドである非貨幣数量情報や非数値情報を組み込むことでその分析精度は一層高まるものと思われる。農業に関わる様々な問題に関してもそれは同様である。スタンダードな会計手続きは無論のこと、これからの社会において必要とされる農業会計のあり方について考える必要がある。

補　論⑦　地域農業と農業会計

　持続可能社会や SDGs との関連で「**地域**」が注目されるようになってきている。農業は地域環境や地域社会を土台とした産業である。ゆえに、地域を単位として農業問題を論ずることの意義は大きい。農村を**社会的共通資本**の一種と捉える宇沢（2015）も「農業部門における生産活動にかんして、独立した生産、経営単位としてとられるべきものは、一戸一戸の農家ではなく、ある種の村落共同体としての農村的コモンズでなければならない」と述べている（宇沢、2015、155頁）[(7)]。

　また、地域を単位とした農業問題研究に関し、原（2011）は「農業は、特定の土地・自然を基盤とし、そこに歴史を築いてきた人々の社会的な関係のなかで営まれる生産活動である」と規定し、地域を単位とした農業研究の課題を「我が国の多様な地域農林業、農山村社会の歴史的変遷まで含めたあり様を伝えること」とした上で、そのためには「ある地域の固有性を何らかの方法で一般化させ、他地域との比較可能な情報に転換させる知的努力がどうしても必要」と提起した（原、2011、17頁、22頁）。

　「経済主体や経済活動の実態を写像し、情報に転化する」ことを主な役割とする会計は地域を単位とした農業問題研究に対し、どのような貢献ができるだろうか。「農業に関わる地域の会計」には大きく分けて二つの種類がある。一つは地域産業連関表や県民経済計算、市民経済計算等のいわゆる「**地域社会会計**」だが、それらは必ずしも農業に特化したものではない。もう一つは、このテーマに関する先駆的な研究である阿部（1979）が提案するような「一地域を一つの農場と見たてた場合の会計情報」を「ある地域の統計値から推計することによってデータ処理とする方法とは異なり、むしろ実際の個々の農場等のデータを集成・連結」することで作成しようとするものである（阿部、1979、11頁、14頁）。会計としての情報量は後者のほうが当然多いし、農業に関わる情報も後者のほうが充実しているだろう。また、農業会計学研究における本来的な研究対象も後者だと思われるが、その作成は容易ではない。今後の研究課題を提示する意

味で、留意すべき点をいくつか簡単に整理しておこう。

地域の範囲

まず留意すべきは**地域の範囲**の捉え方である。地域の範囲の設定は、集成・結合を行う農場等が存在する範囲を定めることであり、地域農業会計を作成するための基本作業だが、これは簡単ではない。地域は「人々のありように即していくらでも設定可能」であり、「最もリアリティある単位でありながら単位性を欠く」ものである（野田、2011、12 頁）。実際、地域の範囲は多様な基準で定めることができる。行政区としての市町村、集落、土地改良区の範囲、水利組合の範囲、農協の管轄区域、営農組織の範囲、等々といった多様な「地域」があり得る。しかも、それらの範囲は同一ではないことが多く、一部は重なるが一部は重なっていない。当然ながら、それぞれの内部に含まれる世帯や経済主体も同じではない。「**村落共同体**」としての地域がいかなる範囲であるのかを判断することは難しい。

農業生産に関連する経済主体の範囲

次に問題となるのは定めた地域の中で**データを集成・結合する経済主体**をどのようにして選出するのかである。一般論としては農業経営が地域の農業を担当する経済主体として捉えられるが、実態としてそれでは不十分である。農作業受託組織、いわゆる二階建て方式が採用されている地域における一階部分の「農地を主とする地域資源の管理を行う組織」、農業生産は行っていないが共同作業やオペレータには出役している世帯の位置付けなど、農業生産の捉え方によって関連する経済主体の範囲は変化する。また、ある農業経営が地域の外で出作を行っている場合や別の農業経営が地域外から入作を行っている場合の取り扱いなど検討すべき課題は多い。

会計情報の結合可能性

地域を定め、データを集成・結合する経済主体を選んだとしても、実際にデータを結合することはそれほど単純な作業ではない。農業を地域単位で考察する

際にまず把握せねばならないのは、地域の農業を支え、地域の農業生産に影響を及ぼす資源の量であり、その基本は、地域の農業生産に投入されている農地や生産設備、資金等である。一般会計においては連結会計や本支店会計、本社工場会計、企業結合会計等、異なる組織や部門の財務情報を総括する会計が存在するが、同様の手法を適用することは難しい。会計を結合するためには、会計の根幹を司る概念である「**持分**」を明確に示すことが可能な複式簿記が本来は必須だからである。持分が不明の場合、異なる経済主体間で費目を相殺しつつ会計を結合することはできない。また、地域全体の持分構成が把握できない場合、地域全体のリスクキャピタルの総量も掴めないので、リターンの計測や評価も困難になる。

　ところが、現実の農家、農業経営の中には、複式簿記を実践しておらず、単式簿記や現金出納帳に留まるもの、会計記録を実践していないものも少なくない。こうした状況では会計の結合は困難である。欠落したデータをどのように補うのかを工夫せねばならない。一般企業のグループ会社においてすら、各社で勘定科目が異なることが原因で会計の結合が難航することがある。会計の結合はそれほど簡単なことではないのである。

情報の種類

　地域の実態を情報に転化するためには、いわゆる財務情報のみでは不十分である。地域内の農業経営の財務データを結合するだけでは地域農業の姿は十分には把握できない。農業において不可欠であり、今日的には最重要の希少資源といっていい**人的資本**の存在状況は伝統的な会計では把握対象外である。また、農業を「特定の土地・自然を基盤とし、そこに歴史を築いてきた人々の社会的な関係のなかで営まれる生産活動」と捉えるならば、地域の農業の実態を写像するためには、当該地域の土地や自然環境の状況、社会インフラ、人間関係や社会ネットワーク等も情報に転化する必要がある。こうした多様な要素を他地域と比較可能な形で情報化するための手法について探求せねばならない。社会的なインフラについてはある程度把握できるだろうが、自然環境や公式・非公式の組織やネットワークの計測・記述は容易ではない。また、得られる情報は

貨幣単位で計測できるものばかりではない。物量情報や記述情報も含まれる。それら情報を統合し、他地域と比較・検証するための方法論を用意することも会計の役割である。

地域農業会計情報の作成主体

地域農業会計情報を作成し、活用する**主体**が実はそもそも明確ではない。この点は「地域農業全体に関わる意思決定者は誰か」という問題とも関わる重要論点である。個々の農業経営において、こうした情報を整備することに対するインセンティブは低いだろう。ゆえに、行政組織等の公的地域主体がそうした取り組みをリードせざるを得ない。会計は作成する主体とそれが有する目的によって内容が変化する。実際の農業生産担当者と会計情報の作成者が異なることの是非や地域農業会計の目的等についても検討せねばならない。

周知のように会計の本来の対象は個別経営・企業である。ゆえに、地域を単位とした会計を構築するためには、この他にも様々な課題をクリアせねばならない。会計の計算構造や枠組みは精緻かつ強固なものであり、会計を用いて個別経営・企業以外の実態を把握・分析するというアイデアは正当である。そうした取り組みを支えるための準備を整える必要がある。

補　論⑧　IT 化と農業会計

　会計情報の変化や会計手法の展開とは次元が異なるが、簿記・会計を実践するための条件や活用可能なツールについても変化が生じている。近年、農業分野においても目覚ましい勢いで IT 化が進展している。「**スマート農業**」という用語は今日、既にかなり一般化したものになっているといってよい。農林水産省の定義によれば、スマート農業とは「ロボット、AI、IoT などの先進技術を活用する農業」とされている。スマート農業の実施によって、農産物生産の効率化や省力化、収量の増大と安定化、生産物の高品質化・均質化といった様々な効果が期待されているが、情報技術の活用は当然ながら会計にも大きな影響を及ぼす。

農業会計における情報機器の活用

　会計に**情報機器**を活用することは農業分野でも古くから行われてきており、阿部（1990）、古塚・髙田（2021）等、関連する研究も存在する。情報機器を活用した簿記・会計が紙媒体の伝統的な簿記・会計の実践に比して有する優位性は、転記・振替の自動化、試算表・財務諸表の自動作成、経営分析の自動化等であった。これにより、簿記・会計の実践に要する手数、時間の大幅な削減が可能となったが、仕訳は依然として会計担当者が入力作業をする必要があった。しかし、近年では仕訳の自動化も視野に入っているといってよい。領収書等を画像スキャンしたり、クレジットカードや銀行口座と紐づけたりすることで自動的に仕訳を行う会計システムが社会実装されつつある。導入コストの問題は残るが、これにより、複式簿記を実践するためのハードルは確実に低下する。

　ただし、記帳や分析に情報機器を活用すること自体は、今日的には、IT 化・情報化と会計に関わる議論の本題ではない。情報機器を活用しても、記帳や分析の労力が節約できるだけであり、得られる会計情報に変化はないからである。重要なのは、IT 技術・情報技術の活用が会計情報の精度にどのようなインパクトを与えるのかである。期待される効果について簡単に整理しておこう。

IT 活用による会計情報の精度向上

　会計システムと各種のスマート技術を組み合わせることで、原価計算をより精緻に行うことが可能になると考えられる。GPS 機能付きの農機具を活用することで圃場単位の機械稼働時間を正確に把握することができるようになる。また、家畜個体別の作業時間や給餌量等の自動的な記録も実現するだろう。労賃や餌代等は実際には総額を按分する形で把握する間接費としての性格が強い。農業会計のみならず一般会計においても間接費の合理的な配賦計算は常に大きな問題であった。そこから ABC といった新たな会計手法が生まれたが、今後はそうした計算すら必要ではなくなるかもしれない。原価情報の精緻化によってコスト計算だけでなく棚卸資産の正確な把握・計上も可能となる。

　一般会計の領域では、AI を活用した予実管理や標準原価計算、原価差異分析等が試みられつつある。これにより、確度の高い売上予測や、適切な予定原価、原価標準（標準価格、標準消費量）の設定が可能となる。経営分析の基礎である原価の**固変分解**の正確性も高まるだろう。さらに、AI を会計に活用することで、貸し倒れ等の予測精度が高まり、将来リスクの回避が可能になるといわれている。農業分野においても予実管理や原価差異分析などは重要な意味をもっており、そうした成果を活用することの意義は大きい。収穫量や品質、販売量、販売価格等の予測が可能になれば、営農計画が立てやすくなる。

　既述のように、会計が扱うべき情報の種類は拡張しつつある。ESG 関連の物量情報や非数値記述情報も含まれる。貨幣情報と物量情報、記述情報を総合することは困難だが、多くの企業がそれら情報を開示するようになったならば、開示された情報をビッグデータとして蓄積し、それらを機械学習させることで、企業の総合的な価値を導出することも見込まれる。そしてその成果を援用すれば、環境活動や社会貢献活動も含めた農業経営の価値や地域資源を含めた地域農業の実態も総合的に捉えることができるようになるかもしれない。今後の展開に期待したい。

香川文庸・保田順慶・珍田章生

170

注

(1) 例えば、稲生（2004）、櫻井編（2002）、佐藤（2010）、八島（2013）等、多くの研究がある。
(2) 非貨幣情報に関する議論の盛衰については、平田（2006）を参考にしている。
(3) CSR を「企業の宣伝行為」、「長期的な功利主義」として批判する見解は存在したが、企業自体は少なくとも表面上はそうしたスタンスだったと言ってよい。
(4) 農業分野における環境会計や CSR 会計に関わる当時の研究動向を整理したものとして、香川・小田（2008）、四方・北田（2008）がある。
(5) 若杉（1999）、3 頁を参照。同様の指摘として「人間コミュニケーションの根本的な目的は他者を説得することにある」、「説得とは、感情や理性に訴えることによって、送り手が受け手にある態度や行為をとらせるために行う情報の伝達である」といった見解も存在する。伊礼（1999）、17 頁。
(6) この点に関するサーベイについては香川・小田（2008）を参照。
(7) 農村を社会的共通資本と捉えることに関する先行研究のサーベイとして保田他（2023）がある。

参考文献

阿部亮耳（1979）「農業における地域会計」、『農業計算学研究』第 12 号

阿部亮耳（1990）『現代農業会計論』、富民協会

伊藤嘉博（2016）「総合報告が管理会計研究・実践に及ぼす影響」、『早稲田商学』第 446 号

稲生信男（2004）「行政経営とガバナンス型 Balanced Scorecard（BSC）に関する一考察」、『会計検査研究』第 30 号

伊礼武志（1999）『会計コミュニケーション論』、近代文芸社

宇沢弘文（2015）『宇沢弘文の経済学——社会的共通資本の論理——』、日本経済新聞出版社

上埜進（2007）『管理会計（第 3 版）』、税務経理協会

小野博則（2012）「企業の農業参入と地域共生の経営」、稲本志良・小野博則・四方康行・横溝功・浅見淳之編『農業経営発展の会計学』、昭和堂

香川文庸・小田滋晃（2008）「農業経営の社会的責任とアカウンタビリティ」、『農林業問題研究』第 44 巻・第 3 号

小林啓孝・伊藤嘉博・清水孝・長谷川惠一（2017）『スタンダード管理会計（第 2 版）』、東洋経済新報社

國部克彦（2017）『アカウンタビリティから経営倫理へ』、有斐閣

國部克彦・西谷公孝・北田皓嗣・安藤光展（2019）『創発型責任経営』、日本経済新聞出版社

斎藤幸平（2020）『人新世の「資本論」』、集英社新書

櫻井通晴編著（2002）『企業価値創造のための ABC とバランスト・スコアカード』、同文舘出版

桜井久勝（2019）『財務会計講義　第 20 版』、中央経済社

佐藤幹（2010）「地方自治体へのバランスト・スコアカード適用に関する研究」、『日本評価研究』第 10 巻・第 1 号

四方康行・北田紀久雄（2008）「農業経営における環境会計の展望」、『農林業問題研究』第 44 巻・第 3 号

ジャンバルボ, J. 著、ワシントン大学フォスタービジネススクール管理会計研究会訳（2022）『管理会計のエッセンス（原著 7 版）』、同文舘出版

シュムペーター, J. A. 著、塩野谷祐一・中山伊知郎・東畑精一訳（1977）『経済発展の理論（上）』、

　　岩波文庫

高橋一興・久保雄生（2017）「集落営農法人における理念主導型経営の確立」、『山口県農林総合技術センター研究報告』第 8 号

野田公夫（2011）「「グローバル化時代における地域農林業の新しい地平を拓く」ために」、『農林業問題研究』第 46 巻・第 4 号

原洋之介（2011）「グローバル化時代におけるメゾ・エコノミックスの課題」、『農林業問題研究』第 46 巻・第 4 号

平田光弘（2006）「企業の社会的責任と企業行動」、飫冨順久・辛島睦・小林和子・柴垣和夫・出見世信之・平田光弘『コーポレート・ガバナンスと CSR』、中央経済社

古塚秀夫・髙田理（2021）『現代農業簿記会計概論』、農林統計出版

門間敏幸（2011）「農業ビジネスモデルに関する理論と研究方法」、『関東東海農業経営研究』第 101 号

八島雄士（2013）「中間支援組織のバランスト・スコアカードにおける視点設定モデル」、『広島大学マネジメント研究』第 14 号

保田順慶・香川文庸・珍田章生（2023）「農業会計学への社会的共通資本概念の適用可能性の検討」、『大原大学院大学　研究年報』第 17 号

レブ，B. & グー，F. 著、伊藤邦雄監訳（2018）『会計の再生』、中央経済社

若杉明（1999）『会計ディスクロージャと企業倫理』、税務経理協会

索　引

アルファベット

ABC →活動基準原価計算
ABM→活動基準原価管理
BSC →バランストスコアカード
CCC →キャッシュ・コンバージョン・サイクル
CSR 155-7, 171-2
CSV 156
ESG 3, 154-9, 162-3, 170
GAP 157
IAS →国際会計基準
IFRS →国際財務報告基準
M&A 119, 137, 145, 147

あ

アカウンタビリティ 2, 8, 10, 16, 18, 159, 162-4,
　171
アクルーアル 137
圧縮記帳 97-102, 123
圧縮積立金 100-1
委託販売 100
売上原価 45, 50, 53, 56, 60-2, 65, 68, 70-2, 74,
　129, 136
営業利益 98, 100-2
オペレーティング・リース 109

か

カーボンアカウンティング 158
会計
　——公準 150
　——コミュニケーション論 7, 25, 159-60, 171
　——実体の公準 21
　——の情報提供機能 2
　——の利害調整機能 2
回収基準 60-1, 63-7
概念フレームワーク 28, 116

確定決算主義 5, 17
加重平均資本コスト 146
課税所得 3, 5-6, 10, 17, 32, 43, 54, 99, 101, 106,
　161
活動基準原価計算（ABC） 80-5, 89, 95, 108
活動基準原価管理（ABM） 84-5
稼得成果 27-8, 30-2, 34, 36, 39, 44, 47, 151-2
株主価値 145, 147-8
株主持分 27, 31
仮渡金 57-61, 63-9
　——受領日基準 59-61, 63-9
環境会計 3, 155, 157, 171
間接費 53, 74, 78, 80-5, 87, 90, 95, 104-5, 108,
　170
管理会計 3, 7-10, 17-8, 77, 80, 92, 94, 148, 151,
　154, 159-164, 171
企業会計
　——基準 28, 50-2, 59, 69, 107, 112
　——基準適用指針 50
　——原則 3, 50, 55, 63
企業価値 145, 147-8, 150, 171
企業統治 154-5
擬制的な出資 8, 31, 33
キャッシュ・コンバージョン・サイクル（CCC）
　129-30, 141
キャッシュ・フロー計算書 26, 127, 132-3, 135-
　8, 140, 144-6, 148
共同計算 57, 60-2, 64, 66, 69
共同販売 56-68
共有 42
金銭債権 62-3, 66
クラウドファンディング 11, 45-7, 158, 163
グリーンウォッシュ 156
グリーンボンド 158
繰越利益剰余金 40, 100-1
経営費 31, 33, 47, 95
経営倫理 162, 171
経常利益 98, 100
原価
　——計算 10-1, 32, 52-3, 56, 60-1, 64-81, 83-95,

108, 170
——集計単位　77, 88-91
——の凝着性　106
減価償却　24-5, 31, 47, 54, 76, 79, 97-104, 106, 111, 113-4, 117-8, 122, 132-4, 136, 143
工業簿記　10, 13, 20, 70-1, 76
貢献利益　80
公正価値会計　15
公正価値モデル　107-8, 123
公定価格　55, 60, 68
合有　42
ゴーイングコンサーン　146
国際会計基準（IAS）107-8, 122-3
国際財務報告基準（IFRS）108, 111-3, 118
コストマネジメント　17, 70, 84, 159, 164
国庫補助金　97-101
——受贈益　98-101
固定費　79-80
混合所得　32

さ

債権者保護　29-30, 35
債権者持分　27
三伝票制　22
仕掛品勘定　74, 87
事業価値　145-8
資金移動表　132-3, 135-8, 140, 148
資金運用表　132-4, 138, 140
資金繰表　26, 133, 138-41
資金四表　132-3, 140
自計式簿記　13-4, 21-6
自己育成資産　102-4, 123
資産負債アプローチ　128
実現主義　23, 55
資本充実・維持の原則　30
資本不変の原則　30
社会的共通資本　165, 171-2
ジャスト・イン・タイム（JIT）71-2
従事分量配当　38-41, 44, 47-8, 120
修正売価　53-6, 59-69
受託者販売日基準　59-60, 64, 66-7
取得原価　31, 50, 74, 97, 102, 106-7, 129
——主義モデル　106-7

純収益　31, 47
使用権資産　112-4, 116-7, 122
使用権モデル　97, 111-2, 114, 116-9, 121
使用貸借　117
商的工業簿記　10, 70-1, 76
正味運転資本　127, 148
正味実現可能価額　54
所有と経営の分離　14, 31
人格なき社団　41-3
人的資本会計　119
信用出資　34-5, 37, 47
スチュワードシップ　2, 8
正規の簿記　4-5, 21, 26
税効果会計　101
精算金　57, 59, 61
正常営業循環過程　73
税引前当期純利益　5, 98, 100-1, 133-4, 136
製品原価　52-3, 56, 60, 67, 70, 74, 86, 91, 95
製品別計算　74, 77-8, 86, 88-9, 95
税務会計　3, 7, 10, 14, 17-9, 51, 54, 72, 159-62, 164
積送品　58, 60-6
総額法　135, 148
総合原価計算　77-8, 86-91
総有　42
粗収益　10, 23, 31, 33

た

対応原則　49-52, 60, 64, 67
第三者継承　12, 145
貸借平均の原則　121
棚卸資産　47, 50, 62, 65-6, 73-6, 86, 90-2, 125-9, 131-2, 134, 136, 142, 170
単式農業簿記　13
長期育成家畜勘定　102-3
長期使用家畜勘定　103
直接減額方式　99-102
直接原価計算　77-80, 95
直接費　53, 74, 77-9, 85, 87, 90, 108
積立金方式　99-102
定款自治の原則　36
動産担保　11
トリプルボトムライン　155

な

任意組織 41-4
農事組合法人 34, 38-9, 41, 43-4, 47-8, 85, 120
農業所得 9, 17, 24, 31-3, 47, 54, 70-2
農業法人 10, 13-4, 17, 21, 34-6, 51, 68, 72, 78, 81, 106, 128, 148, 163
のれん 119, 147

は

配賦基準 74, 78, 80
発生主義 16, 50, 128-9, 135, 144
バランストスコアカード（BSC） 151-4
バリュエーション 145, 147
比較貸借対照表分析 131-2, 138, 141
費目別計算 74
費用収益アプローチ 128
標準原価計算 71, 79-80, 95, 170
ファイナンス・リース 109
部門別計算 10, 74, 78
ブランド価値 119, 147
変動対価 59
変動費 79-80
返品権付き販売 59

ま

マネジメント・コントロール 9
未実現収益 23, 25
未実現損失 66
民法上の任意組合 41-2
無限責任 31, 34-5, 37, 41-2
無条件委託販売 56, 58-9
持分 27, 34-8, 42-3, 167

や

有形固定資産 97-8, 101-2, 111, 114
有限責任 29-30, 34-5, 41-3, 47

ら

リース債務 110-1
リース取引 109
リース負債 112-3, 117, 120
リスクキャピタル 27-8, 30-9, 41, 43-4, 47, 93, 120-1, 147, 167
利用分量配当 38
倫理的消費 157
労務出資 34-5, 37, 41, 47-8, 120

わ

割引現在価値 107, 112, 122, 146, 148

著者紹介

香川　文庸（か　がわ　ぶんよう）

1967 年大阪府生まれ
龍谷大学農学部教授
博士（農学）

珍田　章生（ちん　だ　しょうせい）

1973 年神奈川県生まれ
全国共済農業協同組合連合会
博士（農学）

保田　順慶（やす　だ　まさよし）

1978 年神奈川県生まれ
大原大学院大学会計研究科准教授
修士（経営学）

農業会計学の探求

2023 年 9 月 20 日　初版第 1 刷発行

著　者　香川文庸・珍田章生・保田順慶

発行者　越道京子
発行所　株式会社 実生社（み しょうしゃ）　〒 603-8406 京都市北区大宮東小野堀町 25 番地 1
　　　　　　　　　　　　　　　　　TEL（075）285-3756

印　刷　モリモト印刷

カバー写真　辻村耕司
カバーデザイン　スタジオ トラミーケ